Alfred Gottwaldt, Eisenbahn-Zentrum Berlin 1920–1939

LUX

Alfred Gottwaldt

EISENBAHN-ZENTRUM BERLIN 1920–1939

Bahnhöfe, Lokomotiven und Züge

Jaron Verlag

Pschorr
Heine Würstchen
40 JAHRE
Heine's
Würstchen
Halberstadt
Pschorr
IA-27929

Inhalt

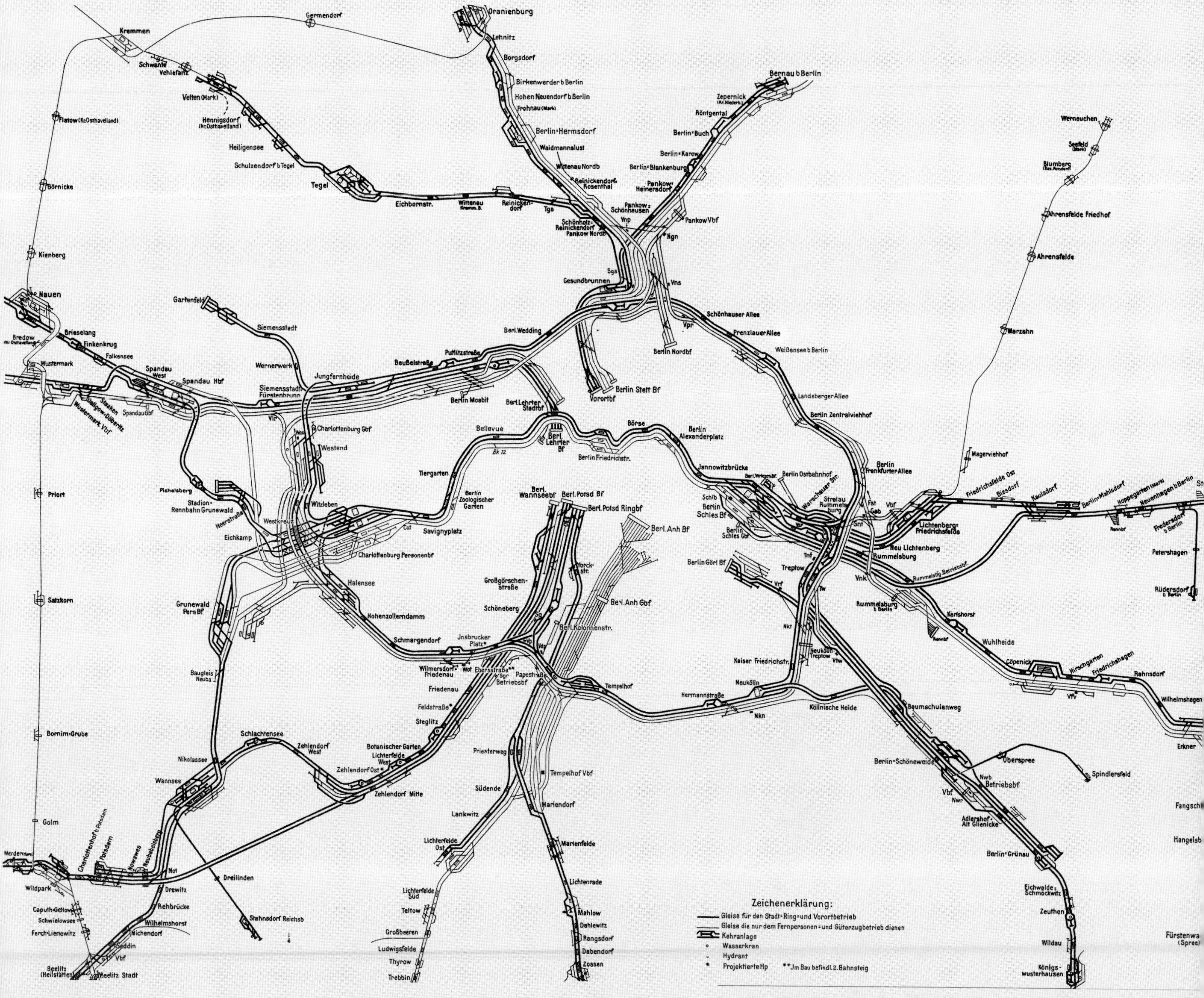
Oranienburg
Germendorf
Kremmen
Schwante
Vehlefanz
Lehnitz
Borgsdorf
Birkenwerder b Berlin
Hohen Neuendorf b Berlin
Frohnau (Mark)
Berlin-Hermsdorf
Waidmannslust
Wittenau Nordb
Reinickendorf-Rosenthal
Velten (Mark)
Hennigsdorf (Kr. Osthavelland)
Heiligensee
Schulzendorf b Tegel
Tegel
Eichbornstr.
Wittenau Kremm. B.
Reinickendorf
Tga
Schönholz-Reinickendorf
Pankow Nordb
Pankow-Schönhausen
Vnp
Bernau b Berlin
Zepernick
Röntgental
Berlin-Buch
Berlin-Karow
Berlin-Blankenburg
Pankow-Heinersdorf
Pankow Vbf
Ngn
Wernsuchen
Seefeld (Mark)
Blumberg
Ahrensfelde Friedhof
Ahrensfelde
Marzahn
Flatow (Kr. Osthavelland)
Börnicke
Kienberg
Nauen
Bredow
Brieselang
Finkenkrug
Falkensee
Wustermark
Gartenfeld
Siemensstadt
Wernerwerk
Sga
Gesundbrunnen
Vns
Vpr
Schönhauser Allee
Prenzlauer Allee
Weißensee b Berlin
Berlin Nordbf
Berlin Stett Bf
Vorortbf
Berl. Wedding
Putlitzstraße
Beußelstraße
Jungfernheide
Spandau West
Spandau Hbf
Siemensstadt-Fürstenbrunn
Vlr
Staaken
Dallgow-Döberitz
Wustermark Vbf
Spandau Gbf
Berlin Moabit
Berl. Lehrter Stadtbf
Landsberger Allee
Berlin Zentralviehhof
Charlottenburg Gbf
Westend
Bellevue
Berl. Lehrter Bf
Börse
Berlin Alexanderplatz
Berlin Friedrichstr.
Jannowitzbrücke
Berlin Ostbahnhof
Berlin Frankfurter Allee
Magerviehhof
Friedrichsfelde Ost
Biesdorf
Kaulsdorf
Berlin-Mahlsdorf
Hoppegarten (Mark)
Neuenhagen b Berlin
Fredersdorf b Berlin
Petershagen
Rüdersdorf b Berlin
Tiergarten
Berlin Zoologischer Garten
Pichelsberg
Stadion-Rennbahn Grunewald
Heerstraße
Westkreuz
Witzleben
Eichkamp
Savignyplatz
Charlottenburg Personenbf
Berl. Wannseebf
Berl. Potsd Bf
Berl. Potsd Ringbf
Berl. Anh Bf
Warschauer Str.
Stralau Rummelsburg
Berlin Schles Bf
Berlin Schles Gbf
Lichtenberg-Friedrichsfelde
Neu Lichtenberg
Rummelsburg
Rummelsbg Betriebsbf
Berlin Görl Bf
Treptow
Vnk
Rummelsburg b Berlin
Karlshorst
Wuhlheide
Cöpenick
Hirschgarten
Friedrichshagen
Rahnsdorf
Wilhelmshagen
Erkner
Halensee
Hohenzollerndamm
Großgörschenstraße
Yorckstr.
Schöneberg
Berl. Anh Gbf
Berl. Kolonnenstr.
Grunewald Pers Bf
Schmargendorf
Jnsbrucker Platz
Wilmersdorf-Friedenau
Ebersstraße
Papestraße
Betriebsbf
Tempelhof
Friedenau
Feldstraße
Steglitz
Baugleis Neuba
Kaiser Friedrichstr.
Neukölln-Treptow
Neukölln
Hermannstraße
Nkn
Köllnische Heide
Baumschulenweg
Schlachtensee
Zehlendorf West
Botanischer Garten
Lichterfelde West
Zehlendorf Ost
Zehlendorf Mitte
Nikolassee
Wannsee
Priesterweg
Tempelhof Vbf
Südende
Mariendorf
Lankwitz
Lichterfelde Ost
Marienfelde
Lichtenrade
Mahlow
Dahlewitz
Rangsdorf
Dabendorf
Zossen
Berlin-Schöneweide
Oberspree
Spindlersfeld
Betriebsbf
Adlershof-Alt Glienicke
Berlin-Grünau
Eichwalde-Schmöckwitz
Zeuthen
Wildau
Königs-wusterhausen
Fangschl
Hangelsb
Fürstenw (Spree)
Priort
Satzkorn
Bornim-Grube
Golm
Werder
Wildpark
Charlottenhof b Potsdam
Potsdam
Nowawes
Neubabelsberg
Drewitz
Dreilinden
Rehbrücke
Wilhelmshorst
Michendorf
Seddin
Caputh-Geltow
Schwielowsee
Ferch-Lienewitz
Beelitz (Heilstätten)
Beelitz Stadt
Stahnsdorf Reichsb
Lichterfelde Süd
Teltow
Großbeeren
Ludwigsfelde
Thyrow
Trebbin
Zeichenerklärung:
Gleise für den Stadt-Ring- und Vorortbetrieb
Gleise die nur dem Fernpersonen- und Güterzugbetrieb dienen
Kehranlage
Wasserkran
Hydrant
Projektierte Hp
** Jm Bau befindl. 2. Bahnsteig

Bilder vom »Berliner Verkehr«

Den schon fast klassischen Titel »Berliner Verkehr« trugen die kleinen, in ockergelben Pappmäppchen verpackten Bildserien mit »12 Photographien echt Bromsilber«, die in den zwanziger und dreißiger Jahren von den Papierwarenhandlungen und Andenkengeschäften der Reichshauptstadt vertrieben wurden. Und auch viele Ansichtskarten mit diesem Aufdruck konnte man damals kaufen: Die Hochbahnanlagen am Gleisdreieck, Autobusse und Straßenbahnen der BVG auf dem Spittelmarkt oder dem Alexanderplatz, der erste Verkehrsturm am Potsdamer Platz, die belebte Friedrichstraße mit der Stadtbahnbrücke oder das Heer der Motordroschken auf der Straße »Unter den Linden« waren ihre Motive, zu denen viele weitere kamen. Mancher Reisende erwarb die Bildchen zur Erinnerung an überstandene Fährnisse, mancher jugendliche Berliner sammelte sie im Zeichen aufkeimenden technischen Interesses; heute sind sie als Zeugnisse einer vergangenen Zeit gesuchte Raritäten.

Diese eigene Atmosphäre weltstädtischen »Berliner Verkehrs«, vom geschäftigen Leben in der Großstadt ganz allgemein hervorgerufen, erhielt ihren besonderen Reiz durch die andernorts nicht üblichen Fahrzeuge: Untergrundbahnwagen, Doppeldeckbusse und elektrische S-Bahn-Züge verkörperten ebenso Berlin wie die Bauwerke von Schinkel, wie die Mietskasernen der Gründerjahre, wie die Warenhausbauten der Epoche vor dem Ersten Weltkrieg und wie die modernen Wohnsiedlungen aus der Weimarer Zeit.

Wilhelminische Architektur umgab den Eisenbahnbetrieb der Züge in den großen Fernbahnhöfen, gelbbraune Klinkergewölbe und gläserne Hallen im Gewächshausstil bestimmten das Bild der Stadt- und Ringbahnen, kunstvoll geschmiedete Eisengitter und Veltener Kacheln mit Jugendstilmustern schmückten Hoch- und Untergrundbahnen. Wer hier lebte und arbeitete, hat Berlin so auf vielfältige Weise »erfahren«. Für den Besucher aus anderen Gegenden kündigten sich Aufregung und Rätsel der Metropole schon am Anhalter, Potsdamer, Görlitzer, Stettiner oder Lehrter Bahnhof, am Schlesischen oder am Zoo an wie sonst nur noch in London oder in Paris, wo die Bahnen der Underground und der Metro auf ähnliche Weise zur Geschichte der Hauptstadt gehörten.

Gewachsen war diese Verbindung einer Stadt mit dem Verkehrswesen des ganzen Landes bereits zur Zeit des deutschen Kaiserreichs, als die privaten Bahnen in Preußen durch Bismarck und Maybach verstaatlicht worden waren. Nicht weniger als elf Hauptbahnen liefen nach Berlin hinein. Das Eisenbahn-Jahrhundert strebte damals seinem Höhepunkt entgegen: 1877 hatte man zur Verbindung der einzelnen Kopfbahnhöfe Berlins die 41 Kilometer lange Ringbahnstrecke vollendet, 1882 auch die Stadtbahn quer durch die noch kaum über ihre alten Mauern hinausgewachsene Siedlung an der Spree eröffnet. In den nun folgenden Jahren bis 1890, als jährlich etwa siebzigtausend Menschen neu nach Berlin zogen, als die Ringbahn bald nicht mehr im freien Feld, sondern zwischen Häuserschluchten und Fabrikgeländen lag, als auch an den Vorortabschnitten der Fernstrecken zusätzliche Gleise und eine Station nach der anderen eingerichtet werden mußten, hat sich das Leben der neuen Reichshauptstadt nach dem stählernen Gerippe der Schienen geformt. Wohl bestanden die Länderbahnen noch bis 1920, doch an der Rolle der Viermillionenstadt Berlin als Mittelpunkt der deutschen Eisenbahnen war kein Zweifel mehr.

Schon vor dem Ersten Weltkrieg waren Pläne aufgetaucht, den unglaublich dichten Personenverkehr des Berliner Bezirks auf elektrischen Betrieb umzustellen,

Gleisplan der Berliner Stadt-, Ring- und Vorortbahnen aus dem Jahr 1932.

doch hatte sich deren Verwirklichung durch die Zeitumstände bis in die späten zwanziger Jahre verzögert. Die 1924 gegründete Deutsche Reichsbahn-Gesellschaft führte nun die historische Epoche der Dampfzüge auf Stadt- und Ringbahn durch ihre »Große Elektrisierung« von 1928 rasch einem Ende zu. 1945 sanken die berühmten Stationen Berlins nach einem furchtbaren Krieg in Schutt und Asche. Seitdem floß, wie wir wissen, der Verkehr in anderen Richtungen; die großen Empfangsgebäude sind eingeebnet oder zu Ruinen geworden, und auf den Trassen wucherte Unkraut. Für den Kenner der alten Fernbahnhöfe bot das Eisenbahnwesen Berlins in den Jahren vor der »Wende« von 1989 nur noch schwache Erinnerungen an vergangene Zeiten. Doch wer mit offenen Augen durch die Stadt fuhr, konnte auch an dem Torso noch vielfältige Hinweise auf früheren Glanz finden, als die nagelneuen Dampf-Einheitslokomotiven und Diesel-Schnelltriebwagen sich hier ein Stelldichein gaben, als Bankierzüge und Olympiawagen auf den S-Bahn-Gleisen technische Weltspitze repräsentierten und als man alle großen deutschen Städte in unglaublich kurz erscheinender Zeit erreichen konnte. Die Leistungen und Fortschritte im Berliner Eisenbahnwesen der Vorkriegszeit sind nach 1945 gern verklärt worden.

Deshalb gilt es, für einen Augenblick innezuhalten und sich der historischen Vorgänge zu erinnern, die zum 1. September 1939 und damit auch zum 8. Mai 1945 geführt haben. Sie gehören untrennbar zur Geschichte der Stadt und der Reichsbahn in dem hier behandelten Zeitraum. Die Hakenkreuzfahnen an den Zügen und auf den Bahnsteigen weisen auf politische Zusammenhänge hin: Das Land mit den schnellsten Zügen der Welt wollte auch das Land mit den siegreichsten Armeen sein.

Es hat Jahrzehnte gedauert, bis die Folgen dieser Politik einigermaßen überwunden waren. Gerade auf den Eisenbahnanlagen in Berlin dauerte der Zweite Weltkrieg, überspitzt gesagt, noch bis zum 9. November 1989 fort. Erst seit dem Jahr der deutschen Vereinigung konnte damit begonnen werden, viele Ruinen wegzuräumen und der Stadt wieder ein zeitgemäßes Eisenbahnsystem zu geben. Nun verschwinden an vielen Stellen endgültig die längst verfallenen baulichen Relikte der Königlichen Eisenbahndirektion und der Reichsbahndirektion Berlin, die auf den Abbildungen dieses Buches noch in vollem Betrieb zu erblicken sind. Nicht selten wünschte man sich einen behutsameren Umgang mit der historischen Bausubstanz.

Die Bildersammlung dieses Bandes ist in langen Jahren und zunächst zu privaten Zwecken zusammengetragen worden, um die für eine Familie einstmals wichtigen Viertel Berlins zu dokumentieren. Dank der unermüdlichen Hilfe vieler eisenbahnbegeisterter Fotografen gelang es, daneben Bilder von zunächst nicht berücksichtigten Bahnhöfen in das Buch aufzunehmen und so eine geschlossenere Darstellung zu schaffen. Nicht vergessen wollen wir, daß es für Außenstehende damals streng verboten war, Bahnhöfe und Züge zu fotografieren. Solche heimlichen Schnappschüsse von Amateuren stehen hier bewußt neben Lichtbildwerken von Berufsfotografen, um den Blick des Betrachters gelegentlich auch auf unbekannte Motive zu lenken. Solche »Privatfotos« haben ihre eigene Wahrheit Der vorliegende Bildband soll nicht nur die Erinnerung an die alten Berliner Bahnhöfe lebendig erhalten, sondern auch das Werk dieser Fotografen ein wenig vor dem Vergessen bewahren.

Der »Berliner Verkehr« am Brandenburger Tor, Unter den Linden, am Potsdamer Platz und am Leipziger Platz – so sahen die begehrten Kleinfotos aus den zwanziger Jahren aus.

2. BERLINER VERKEHR: Brandenburger-Tor.

2. BERLINER-VERKEHR: Unter den Linden – –Ecke Friedrichstr.

2. BERLINER-VERKEHR: Potsdamer-Platz.

BERLINER – VERKEHR: Potsdamer Platz. Leipziger Platz. 2.

RIVIERA
BERLIN
M
CHAR
RIC

Die Deutsche Reichsbahn in Berlin

Als nach dem Ersten Weltkrieg aufgrund einer Bestimmung der Weimarer Verfassung alle Ländereisenbahnen zur Deutschen Reichsbahn zusammengeschlossen wurden, nahm das Erbe Preußens in der neuen Gesellschaft mit Abstand den breitesten Raum ein: Die Reichsbahn-Hauptverwaltung erhielt ihren Sitz in einem Trakt des alten preußischen Handelsministeriums am Wilhelmplatz auf der Ecke zur Voßstraße, das Königliche Eisenbahn-Zentralamt am Halleschen Ufer wurde zum Reichsbahn-Zentralamt, und bald trugen alle Neukonstruktionen unverwechselbar Berliner Handschrift. Durch die damals noch »Elektrisierung« genannte Umstellung aller Stadt-, Ring- und Vorortbahnstrecken in Berlin auf elektrischen Betrieb in den Jahren von 1924 bis 1933 erschien die Deutsche Reichsbahn vielen Menschen in der deutschen Hauptstadt als unbedingt modern.

Das persönliche Symbol für diese Epoche der Reichsbahn in Berlin ist ihr langjähriger Generaldirektor und spätere Reichsverkehrsminister Julius Dorpmüller geworden, der bei allen Sonderfahrten mit neuen Lokomotiven, bei Rekorden und Jubiläen, bei Bahnhofseröffnungen oder ähnlichen Gelegenheiten stets erschien und Aktivität und Zuversicht ausstrahlte. Zur Legende gerann seine Gewohnheit, regelmäßig morgens zum Büro mit der S-Bahn von Zehlendorf bis zum Potsdamer Platz zu fahren.

Am 3. Januar 1931 auf dem Anhalter Bahnhof: Der »Riviera-Napoli-Express« mit den luxuriösen Waggons der Internationalen Schlafwagengesellschaft hatte Premiere. Selbst der Reichsbahn-Generaldirektor Dorpmüller (2. von rechts) war erschienen.

Wenden wir uns nun den für Freunde der Eisenbahn wichtigsten technischen Symbolen Berlins zu, den typischen Lokomotiven auf der Stadt- und Ringbahn sowie auf Vorort- und Fernstrecken. Bis zum Erscheinen der elektrischen S-Bahn-Züge allgegenwärtig war die berühmte Stadtbahnmaschine der Gattung T 12 vor den Zügen aus paarweise kurzgekuppelten dreiachsigen Abteilwagen. Zwischen 1905 und 1916 wurden fast tausend dieser Tenderlokomotiven beschafft, und nach der großen Elektrifizierung von 1924 bis 1933 blieben ihnen wenigstens noch die vielfältigen Vorortlinien ein angemessenes Domizil. Mit der gleichen Ausschließlichkeit herrschte auf den von Berlin ausgehenden Fernstrecken eine klassische Schnellzuglokomotive Preußens, nämlich die Gattung S 10^1 aus den Baujahren 1911 bis 1916. Ihr Kenner Karl-Ernst Maedel hat in seinem schönen Buch über die Geschichte dieser Maschinen das folgende Stimmungsbild gezeichnet: »Berlin und seine S 10^1! Eigentlich müßten wir jetzt 17^{10} sagen. Die älteren Leser werden sich noch erinnern, wie diese Lokomotiven und die Reichshauptstadt ein nicht zu trennender Begriff waren. Es braucht nicht viel Phantasie, sich das Wirken unserer Lokomotiven in jener Zeit zu vergegenwärtigen. Wenn der Dichter Gerhart Hauptmann – damals schon der große alte Mann der Literatur – vom heimatlichen Agnetendorf in Schlesien nach seinem geliebten Hiddensee reiste, dann wurde sein Zug über die ganze Strecke von S 10^1-Loks geführt. Kann man sich überhaupt vorstellen, wer damals auf den Berliner Kopfbahnhöfen nach Ankunft des Schnellzuges den Bahnsteig verließ und dabei vielleicht einen Blick auf die vor dem Prellbock zischende, dampfende Lokomotive 17 1062 oder 1133 oder 1208 warf? Stefan George, Hugo von Hofmannsthal, Gottfried Benn oder Bert Brecht, Marlene Dietrich, Greta Garbo, Henny Porten oder Fedor Schaljapin, Richard Tauber, Jan Kiepura, Martha Eggert oder die Mistinguette, Cosima Wagner, Wilhelm Furtwängler, Bruno Walter, Albert Einstein genauso wie Otto Reutter, La Jana und die Tillergirls?«

Das repräsentative Gebäude von Reichsverkehrsministerium und Reichsbahn-Hauptverwaltung am Wilhelmplatz in Berlin W 8, Ecke Voßstraße, lag unweit der Reichskanzlei.

Der frühere Hamburger Bahnhof an der Invalidenstraße in Moabit diente von 1906 bis 1943 als Berlins Verkehrs- und Baumuseum. Seitenansicht vom Hamburger und Lehrter Güterbahnhof aus dem Jahr 1934.

Das Hauptgebäude des Reichsbahn-Zentralamts Berlin am Halleschen Ufer des Landwehrkanals, nahe dem Anhalter Bahnhof.

Bernau
3
2052
2

Die »Elektrisierung« der Berliner S-Bahn

Das Jahr 1928 war beherrscht von der großen »Elektrisierung« der Stadtbahn mit den angeschlossenen Vorortstrecken bis Potsdam, Stahnsdorf, Spandau West und Erkner. Damals erschienen die bis heute typisch gebliebenen kantigen, rotockergelben Triebwagen der Reihe 165 in Berlin. Zuvor hatte nach langen Vorbereitungen der seit 1924 bis Bernau, seit 1925 bis Oranienburg und seit 1927 bis Velten betriebene Versuchsverkehr mit den älteren, für diese nördlichen Strecken auch späterhin charakteristischen Zügen der Typen 169 und 168 die nötigen Erfahrungen geliefert, ehe man sich an die Umstellung einer so bedeutenden Route wie der Stadtbahn wagte. Noch im gleichen Jahre 1928 folgten die Elektrifizierungen auf dem kompletten Südring, nach Grünau und Kaulsdorf; ein Jahr später waren dann der Nordring und die Abzweigung von Schöneweide nach Spindlersfeld auch soweit. Gleichzeitig erhielten die Ringbahn-Spitzkehre am Potsdamer Bahnhof sowie die Anschlüsse zwischen Stadt- und Ringbahn ihre Stromschienen und höhere Bahnsteige; auch die schon lange elektrisch ausgestattete Strecke nach Lichterfelde Ost wurde umgeschaltet. Im hochmodernen S-Bahn-Ausbesserungswerk Schöneweide wurden die Züge unterhalten.

Ein S-Bahn-Zug der Versuchsbauart E aus dem Jahre 1922, mit der Willison-Kupplung bestückt.

Ende 1929 wurde der Betrieb auf der Siemensbahn von Jungfernheide nach Gartenfeld eröffnet, die einmal nach Spandau Nord und Hennigsdorf weitergeführt werden sollte. Erst 1930 kam das Wort »S-Bahn« auf; das Jahr brachte infolge der Wirtschaftskrise nur eine bescheidene Verlängerung von Kaulsdorf nach Mahlsdorf. Die Wannseebahn von Berlin über Zehlendorf und Nikolassee wurde bereits zu Zeiten der letzten Weimarer Regierungen in Angriff genommen und ab 1933 elektrisch befahren; täglich verkehrten in Berlin dreitausend S-Bahnen. Ab 1934 standen dann alle Aktivitäten unter dem Zeichen der geplanten Nordsüd-S-Bahn. Im Rahmen der Arbeitsbeschaffungsvorhaben nahm man den Bau eines in seiner Bedeutung der west-östlich verlaufenden Stadtbahn entsprechenden, etwa 5,5 Kilometer langen Tunnels in Angriff, der den Stettiner Bahnhof mit dem Stadtzentrum der »Linden« und der Friedrichstraße sowie mit den Anhalter und Potsdamer Bahnhöfen zu verbinden hatte. 1938 trat gar noch das Vorhaben hinzu, vom Anhalter zum Görlitzer Bahnhof unterirdisch einen Bogen zu schlagen, doch blieb es bei ersten Ansätzen. Die Nordsüd-S-Bahn wurde 1936, durch ein schweres Einsturzunglück am Brandenburger Tor im August 1935 etwas zurückgeworfen, auf dem Nordabschnitt bis zur Station »Unter den Linden« eröffnet. Die bislang auf dem Stettiner Vorortbahnhof endenden Züge aus dem Norden hat man in diesen Tunnel eingeführt; der Fahrzeugpark wurde hier und auf der Stadtbahn durch eine Anzahl neuer »Olympiazüge« (Reihe 166) des Baujahres 1936 verstärkt.

Im April 1939 konnte die Tunnelstrecke von den Linden bis zum Potsdamer Platz, im Herbst 1939 der endgültige Anschluß südlich am Anhalter Bahnhof sowie zu den Haltestellen Großgörschenstraße und Yorckstraße planmäßig durchfahren werden. Zugleich war die Vorortbahn vom Priesterweg über Lichtenrade nach Mahlow – bald darauf bis Rangsdorf in Richtung Zossen – elektrifiziert worden, so daß seit der Fertigstellung der Nordsüd-S-Bahn durchgehende Züge Velten-Mahlow, Bernau-Lichterfelde Ost und Oranienburg-Wannsee durch das Herz der Stadt gefahren werden konnten.

Dann begann der Krieg. Die Vorarbeiten und Planungen an dem Tunnel zur Görlitzer Bahn wurden eingestellt; abgebrochen wurden zwischen 1941 und 1943 auch alle Vorbereitungen zur sogenannten Neugestaltung der Berliner Bahnanlagen.

Im Abteil 2. Klasse eines Stadtbahnwagen-Probezuges, hergestellt 1926 bei Orenstein & Koppel in den Spandauer Werkstätten.

Blick in ein Raucherabteil der 3. Klasse in einem »Olympiazug« des Typs 166, gebaut 1936.

Der Prototyp der Stadtbahnwagen, wie sie nach ihrem ersten großen Einsatz auf dieser Hauptlinie getauft wurden, am 14. März 1928 auf dem Werksgelände in Schöneweide; spätere Baureihe ET 165. Nach diesem Muster wurden zwischen 1928 und 1930 über 1250 Wagen beschafft, die den elektrischen Betrieb auf allen Stadt- und Ringbahnstrecken sowie den elektrifizierten Vorortstrecken besorgten.

Zwischen 1938 und 1945 wurden für die Nordsüd-S-Bahn und den allgemein gestiegenen Verkehr in Weiterentwicklung der »Bankierzüge« Reihe 125 (1934) und der »Olympiazüge« Reihe 166 (1936) über zweihundertfünfzig Viertelzüge dieser Gattung Reihe 167 in Dienst gestellt. Aufnahme abermals in Schöneweide.

Auf dem Askanischen Platz vor dem Anhalter Bahnhof wurden im Sommer 1939 die Säulen mit dem S-Bahn-Symbol aufgestellt; im Hintergrund befindet sich das hochmoderne »Europahaus«.

Der unterirdische S-Bahnhof neben dem Anhalter Fernbahnhof wurde am 9. Oktober 1939 in Betrieb genommen. Festlich bekränzt, verläßt ein Zug nach Wannsee die Station; seit sechs Wochen tobt der Krieg ...

▷ Streckenplan der Berliner Stadt- und Ringbahnen nach der Inbetriebnahme der Nordsüd-S-Bahn am Ende der dreißiger Jahre; Darstellung aus dem Reichskursbuch vom 6. Oktober 1941.

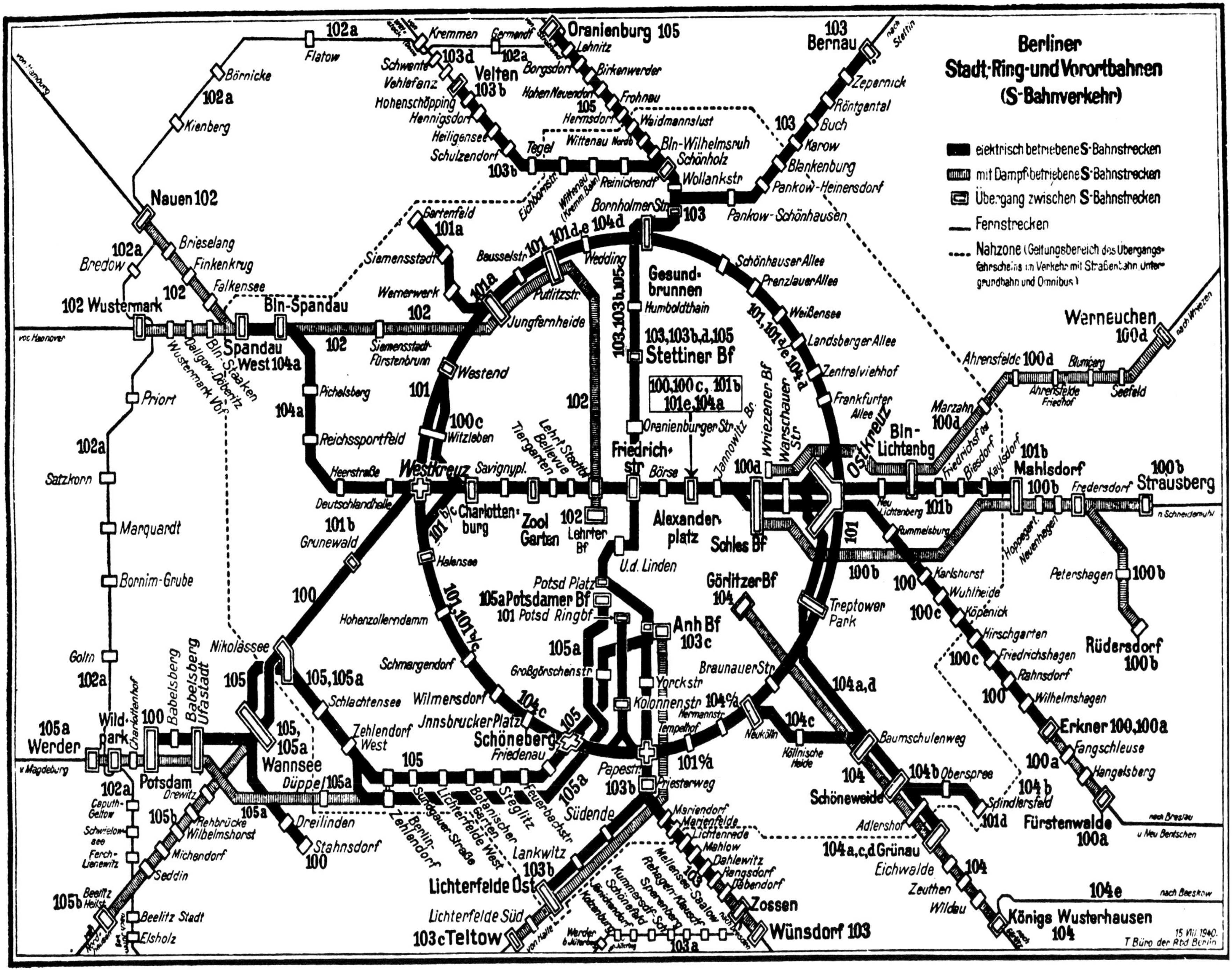
Berliner
Stadt-, Ring- und Vorortbahnen
(S-Bahnverkehr)
elektrisch betriebene S-Bahnstrecken
mit Dampf betriebene S-Bahnstrecken
Übergang zwischen S-Bahnstrecken
Fernstrecken
Nahzone (Geltungsbereich des Übergangsfahrscheins im Verkehr mit Straßenbahn, Untergrundbahn und Omnibus)
Oranienburg 105
Lehnitz
Birkenwerder
Borgsdorf
Hohen Neuendorf
Frohnau
Hermsdorf
Waidmannslust
Wittenau Nord
Bln-Wilhelmsruh
Schönholz
Wollankstr
Bornholmer Str
Kremmen
Germendorf
Flatow
Schwante
Vehlefanz
Velten 103b
Hohenschöpping
Hennigsdorf
Heiligensee
Schulzendorf
Tegel
Eichbornstr
Reinickendorf
Börnicke
Kienberg
Nauen 102
Brieselang
Finkenkrug
Falkensee
Bredow
102 Wustermark
Bln-Spandau
Spandau West 104a
Bln-Staaken
Dallgow-Döberitz
Wustermark Vbf
Priort
Satzkorn
Marquardt
Bornim-Grube
Golm
Wildpark
Charlottenhof
Babelsberg
Babelsberg Ufastadt
Potsdam
Werder
Drewitz
Caputh-Geltow
Schwielowsee
Ferch-Lienewitz
Rehbrücke
Wilhelmshorst
Michendorf
Seddin
Beelitz Heilst
Beelitz Stadt
Elsholz
Bernau
Zepernick
Röntgental
Buch
Karow
Blankenburg
Pankow-Heinersdorf
Pankow-Schönhausen
Gartenfeld
Siemensstadt
Wernerwerk
Bausselstr
Wedding
Putlitzstr
Jungfernheide
Siemensstadt-Fürstenbrunn
Westend
Pichelsberg
Reichssportfeld
Heerstraße
Deutschlandhalle
Witzleben
Westkreuz
Savignypl.
Charlottenburg
Zool Garten
Lehrter Bf
Tiergarten
Bellevue
Lehrter Stadtbf
Gesundbrunnen
Humboldthain
Stettiner Bf
Oranienburger Str
Friedrichstr
Börse
Alexanderplatz
Jannowitz Br.
Schles Bf
Warschauer Str
Wriezener Bf
Schönhauser Allee
Prenzlauer Allee
Weißensee
Landsberger Allee
Zentralviehhof
Frankfurter Allee
Ostkreuz
Bln-Lichtenbg
Friedrichsf Ost
Biesdorf
Kaulsdorf
Mahlsdorf
Fredersdorf
Strausberg
Warneuchen
Ahrensfelde
Blumberg
Ahrensfelde Friedhof
Seefeld
Marzahn
Neu Lichtenberg
Rummelsburg
Hoppegart.
Neuenhagen
Petershagen
Rüdersdorf
Karlshorst
Wuhlheide
Köpenick
Hirschgarten
Friedrichshagen
Rahnsdorf
Wilhelmshagen
Erkner
Fangschleuse
Hangelsberg
Fürstenwalde
Grunewald
Halensee
Hohenzollerndamm
Schmargendorf
Wilmersdorf
Innsbrucker Platz
Schöneberg
Friedenau
Potsd Platz
Potsdamer Bf
Potsd Ringbf
Anh Bf
Großgörschenstr
Yorckstr
Kolonnenstr
Hermannstr
Tempelhof
Papestr
Priesterweg
U.d. Linden
Görlitzer Bf
Treptower Park
Braunauer Str
Neukölln
Köllnische Heide
Baumschulenweg
Schöneweide
Oberspree
Spindlersfeld
Adlershof
Grünau
Eichwalde
Zeuthen
Wildau
Königs Wusterhausen
Nikolassee
Wannsee
Schlachtensee
Zehlendorf West
Düppel
Dreilinden
Stahnsdorf
Zehlendorf
Sundgauer Straße
Lichterfelde West
Botanischer Garten
Steglitz
Feuerbachstr
Südende
Lankwitz
Lichterfelde Ost
Lichterfelde Süd
Teltow
Mariendorf
Marienfelde
Lichtenrade
Mahlow
Dahlewitz
Rangsdorf
Dabendorf
Zossen
Wünsdorf 103
von Hamburg
von Hannover
v. Magdeburg
nach Stettin
nach Wriezen
n. Schneidemühl
nach Breslau
u. Neu Bentschen
nach Beeskow
15. VII. 1940.
T Büro der Rbd Berlin

Vollring
nach Potsdamer Bf.

Berlin und seine Lokomotiven

Den umfassendsten Überblick des Berliner Lokomotivdienstes während der Jahre von 1920 bis 1939 hat Albert Mühl gegeben:

»Gleich nach dem Ersten Weltkrieg wurde die Eisenbahndirektion Berlin wieder mit Zugförderungsaufgaben im Fernverkehr betraut. Schon 1919 gelangten die ersten P 8-Loks zur Anlieferung. Seit 1921 wurden sowohl Reisezugloks (S 10^1, S 6, P 8) als auch Güterzug-Streckenloks (G 8^1, G 10) von anderen Direktionen der ED Berlin zur dauernden Dienstleistung überwiesen. Berliner Lokpersonale fuhren mit ihren Lokomotiven nun wieder weit über ihre Direktionsgrenzen hinaus; bis zur polnischen Grenze und weit nach Schlesien, nach Sachsen, Thüringen und Hannover, zum Ost- und Nordseestrand.

Die Bahnbetriebswerke (Bw) waren nach Zugförderungsarten streng unterschieden. Die Schnellzug-Bw waren Karlshorst (zuerst noch Rummelsburg Abstellbf.) und Grunewald für die Fernzüge über die Stadtbahn-Ferngleise, wobei Bw Karlshorst die vom Schlesischen Bahnhof nach Westen, Bw Grunewald die von Charlottenburg nach Osten fahrenden Fernzüge zu bespannen hatte; ferner die Bw Anhalter Bf. (abgekürzt Ahb), Lehrter Bf. (Leb) und Potsdamer Güterbf. (Pog). Eine untergeordnete Rolle im Fernverkehr spielte Bw Görlitzer Bf. (Gzb), während ein Teil der Reisezüge des Stettiner Bahnhofs vom Bw Gesundbrunnen (Gsr), dessen Schnellzug- und Personenzugloks der RBD Stettin unterstanden, gefahren wurde. Die genannten und noch eine Reihe weiterer Berliner Bw hatten auch Bespannungen für die Stadt- und Ringbahn (T 12-Lok) sowie für den Vorort- und Nahpersonenzugdienst zu stellen. Die wichtigeren Bw für die Güterzugförderung über die Direktionsgrenzen hinaus waren Wustermark (Richtung Hamburg und Magdeburg), Seddin (nach Magdeburg), Pankow (Richtung Norden), Tempelhof (nach Sachsen), Lichtenberg Ostbahn (nach Osten) und Niederschöneweide (1939 Schöneweide VB) für die Görlitzer Bahn. Daneben gab es noch einige Bw für den Dienst auf dem Güterring und Güterbahnhöfen.

Die älteren preußischen Gattungen, wie S 6, G 5 und G 7, waren bis Anfang der dreißiger Jahre aus Berlin verschwunden. Dann aber änderte sich in der Zusammensetzung der Bestandsstruktur bis 1939 kaum noch etwas. Nur die fortschreitende Elektrifizierung der S-Bahn ergab einen Strukturwandel im S-Bahn-Dienst (Ablösung der T 12 als Stadtbahnlok). Die S 10^1 blieben noch für viele Jahre das Rückgrat des Berliner Schnellzugdienstes. Nur auf den schwierigen Strecken, vor allem nach Süden, kamen frühzeitig P 10 zum Einsatz (1924/25 Bw Anh. Bf., 1928 Bw Potsd. Gbf.). Zum Sommerfahrplan 1928 erhielten die Bw. Anh. Bf. und Lehrter Bf. ihre ersten 01 – später, 1935, wurde auch Bw Potsd. Gbf. mit 01 ausgestattet –, während Ende 1933 bei den Bw Karlshorst und Grunewald 03 stationiert wurden. Das Bw Lehrter Bf., das die schweren, schnellen Hamburger D-Züge in der Regel mit 01 bespannte, besaß seit 1936 eine 03-Reserve für ausgefallene 05 des Bw Altona (FD-Züge) und FDt-Garnituren. Vor Personenzügen war fast ausschließlich die P 8 zu sehen. Für den Güterzugdienst standen G 8^1 und G 8^3 sowie G 10 zur Verfügung, und im Rangierdienst auf den Personen- wie den Güterbahnhöfen wurden Tenderloks verschiedener Gattungen – meist T 14 und T 16^1, aber auch T 11/12, T 13, ein kleiner Restbestand an T3 und einige Einheits-89er – verwendet. Bis 1939/40 beschränkte sich der Anteil an DR-Einheitsloks auf die Baureihen 01, 03 und 89. Erst während des Krieges hielten weitere Baureihen – 03^{10} (Bw Grunewald), 64, 50 und 52 – ihren Einzug in Berliner Bw. Die Hauptlast bei der Bespannung der Fernzüge wurde aber von den Nachbardirektionen getragen.«

Eine Stadtbahnlokomotive der Gattung T12 auf dem Ringbahnhof Tempelhof während des Verkehrsstreiks im März 1919.

Auf der Ausstellung »Deutschland« aus Anlaß der Olympischen Spiele von 1936 zeigte die Reichsbahn in den Messehallen am Kaiserdamm ihre neue Schnellzuglok 03 236 und den Oldtimer »Die Pfalz« von 1852.

Die große Eisenbahntechnische Ausstellung auf dem Verschiebebahnhof Seddin bei Berlin im Herbst 1924: links eine württembergische Güterzuglok, rechts eine preußische Mehrzwecklok der Gattung P 10.

Auf der 1936 neu eingebauten 26-Meter-Drehscheibe im Bahnbetriebswerk Berlin Potsdamer Güterbahnhof steht die dort stationierte Maschine 39 197, die 1924 von Linke-Hofmann in Breslau gebaut worden ist. Davor die Männer vom Maschinenamt Berlin 3.

A.BORS
01 008

Die Berliner Lokomotivfabriken

Als die Reichsbahnzeit anbrach, stand der Berliner Lokomotivbau in seiner letzten großen Blüte vor der Wirtschaftskrise der späten zwanziger Jahre. Die Rückstände in der Erneuerung des Fahrzeugparks, durch Weltkrieg und Reparationsabgaben eingetreten, gaben einer Branche lebhafte Beschäftigung, deren damals schon achtzigjährige Geschichte von den klangvollen Namen Egells, Borsig, Wöhlert, Schwartzkopff, Orenstein & Koppel und Freudenstein geprägt worden war. Sie hatten Zeiten gesehen, zu denen an der Berliner Chausseestraße mehr Dampflokomotiven entstanden waren als im übrigen Deutschland zusammengenommen.

Bis zur Jahrhundertwende waren die Fabriken vor dem Oranienburger Tor, da längst zu klein und der Vergrößerung des Berliner Stadtkerns im Wege, allmählich geschlossen und durch großzügige Anlagen weiter außerhalb ersetzt worden. Für das bisherige Terrain hatten die Banken nicht wenig geboten. Borsig ging über Moabit nach Tegel an die Kremmener Bahn, doch war der Lokomotivboom der ersten Nachkriegsjahre bald verflogen. Die Staatsbahn bestellte nach 1923 wenig mehr als Prototypen in Vorsorge für einen künftigen Aufschwung, und Auslandslieferungen konnten die Lücke nicht füllen. Schwierigkeiten auf anderen Fertigungsgebieten traten hinzu, so daß Borsig den Lokomotivbau 1929 an die AEG verkaufte. Dieses Unternehmen führte seinen Dampflokbau, den es neben der Herstellung von Elektrolokomotiven in Hennigsdorf 1919 als Ersatz militärischer Fabrikationen aufgenommen hatte, fortan unter der traditionsreichen Firma »Borsig Lokomotiv-Werke«. Dafür lief die Herstellung in Tegel aus.

Begeben wir uns nun nach Südosten, zur Station Wildau unweit Königs Wusterhausen. 1899 hatte hier die Berliner Maschinenbau-Actien-Gesellschaft vormals L. Schwartzkopff nach den Plänen von Ludwig Witthöft ihre neuen Fabrikationsstätten für Lokomotiven errichtet. Ganz Wildau gehörte buchstäblich zu Schwartzkopff: Westlich der Eisenbahnstrecke lagen die ausgedehnten Werke mit ihren qualmenden Essen und den ansehnlich rot-gelb verklinkerten Fassaden der Montagehallen, dazwischen das auf vielen Lokomotivfotografien dieser Firma sichtbare, von wildem Wein umrankte Verwaltungsgebäude und die große gedeckte Drehscheibe mit den Mehrspurgleisen. Auf der östlichen Seite der Vorortbahn hatte man um den kleinen Bahnhof eine Stadt für die bei Schwartzkopff beschäftigten Arbeiter und Beamten erbaut, in gleicher Architektur zwischen Jugendstil und Werkbund gehalten wie die Fabrikanlagen selbst, deren verspieltes Rathaus mit dem Glockenturm gleichfalls nicht selten die Kulisse für Werkfotos der in Wildau gebauten Maschinen abgab.

Die Firma Orenstein & Koppel, zunächst nur Handelsgesellschaft, wurde nach gewissen Versuchen in Schlachtensee und Tempelhof schließlich an der Wetzlarer Bahn in Drewitz (später Babelsberg) bei Potsdam ansässig. Die 1897 draußen errichtete sechseckige Montagehalle trug bald den Spitznamen »der Zirkus«. Kennzeichnend für die Werkfotos der Maschinen von Orenstein & Koppel waren stets märkische Kiefern im Hintergrund, deutlicher vielleicht als bestimmte Bauwerke sinnbildlicher Ausdruck des Begriffs: eine Berliner Lokomotivfabrik.

Die AEG, zunächst noch an der Brunnenstraße im Wedding tätig, bebaute für ihre Lokomotivproduktion ein weitläufiges Areal bei Hennigsdorf im Kreis Osthavelland. Der Elektrokonzern Siemens ließ an der Jungfernheide einen ganzen Stadtteil mitsamt seiner Bahnfabrik aus dem märkischen Boden stampfen und gönnte sich eine eigene Bahnlinie.

In den ersten Januartagen 1926 verließ die zwölftausendste Borsig-Lokomotive, die Einheitslok 01 008, durch das 1898 von Reimer und Körte erbaute Hauptportal die Tegeler Werkstätten.

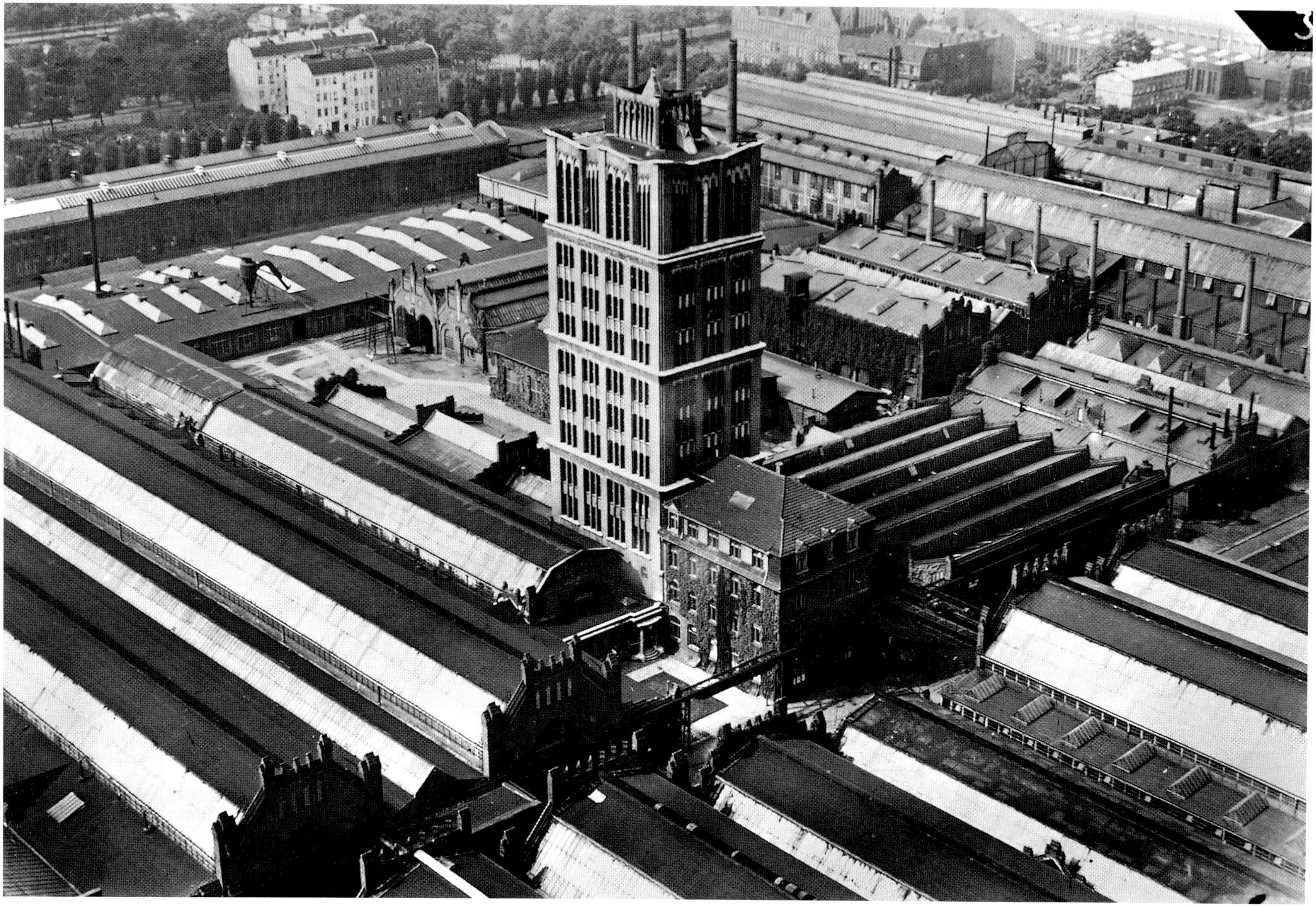

Luftaufnahme der Fabrikanlagen von Borsig mit dem 1924 errichteten »Hochhaus« für die Verwaltung. 1935 wurde der Lokomotivbau endgültig mit dem der AEG vereinigt und von Tegel nach Hennigsdorf im Osthavelland verlegt.

Die Lokomotivfabrik Schwartzkopff in Wildau ließ auf ihren Werkfotos oft das charakteristische Verwaltungsgebäude im Hintergrund abbilden. Die Lokomotive 03 236 wurde im Juli 1936 gebaut und kam zum Bahnbetriebswerk Wiesbaden.

Zu den Zügen über die Stadtbahn
Zu den Zügen in Richtung
Sp au-West, Wannsee und Potsdam
Ausstellung
Zusatzkarten

Stadtbahn von Charlottenburg bis Friedrichstraße

Unser Weg zu den prominenten Stätten des Berliner Eisenbahnwesens der Vorkriegsjahre soll nun auf der Stadtbahn beginnen und uns im Geiste von Charlottenburg im Westen bis zum Schlesischen Bahnhof führen, sodann den Anhalter Bahnhof und die drei verschiedenen Teile des Potsdamer Bahnhofs berühren. Die Bildfolge weist hierauf über die Wannseebahn an den Rande der Stadt, deren Zentrum wir uns von Spandau und Staaken nach dem Lehrter Bahnhof wieder nähern werden. Typische Szenen am Stettiner Bahnhof schließen sich an, und auf dem Görlitzer Bahnhof soll der Rundgang durch die Geschichte Berlins im Spiegel der Reichsbahnzeit enden.

Viel ist über die Stadtbahnstrecke schon geschrieben worden, und ein dickes Buch würde die Geschichte Berlins allein im Spiegel der Ereignisse um die beiden Bahnhöfe Friedrichstraße und Alexanderplatz füllen. Es waren die Stationen, die jeder Berliner unzählige Male durchfahren hat und die auch heute noch von Leben und Eisenbahnbetrieb – freilich auf andere Weise als früher – erfüllt sind.

1882 wurde die 14,8 Kilometer lange Stadtbahn, nach einem frühen Plan von August Orth durch Baurat Ernst Dircksen in den Jahren seit 1873 ausgeführt, dem öffentlichen Verkehr übergeben. 731 gemauerte Viaduktbögen wölbten sich von West nach Ost durch Berlin; auf der Nordseite lagen die beiden Gleise des Stadtbahn-Ortsverkehrs mit ihren elf Haltestellen, südlich ein Ferngleispaar mit fünf Bahnhöfen. Sie leiteten eine durchgreifende Änderung des Stadtbildes ein, in dem bald jeder der neuen Bahnhöfe, der stille im Westen vielleicht ausgenommen, seinen ganz eigenen Charakter entwickelte.

Da war also Charlottenburg, mit seinen vier Bahnsteigen für die Aufnahme von einstmals vier Bahnlinien (Stadtbahn, Hamburger, Lehrter und Wetzlarer Bahn) bald als etwas zu groß angelegt empfunden; für den Eisenbahnfreund der Vorkriegsjahre aber ein begeisternder Schauplatz unzähliger Maschinenwechsel, wenn die schweren 01-Lokomotiven aus Hannover abspannten, um einer S 10[1] oder 03 für die noch nicht auf diese Lasten ausgebauten Gleise über die Stadtbahn und weiter nach Osten Platz zu machen, und nun selbst gemächlich rückwärts zum Abstellbahnhof Grunewald dampften.

Da war die bescheidene Station Savignyplatz, Vorbote des wieder mit einem Fernbahnsteig ausgestatteten Bahnhofs Zoologischer Garten im vornehmen Berliner Westen. Hier stieg zu, wer in den eleganten Pensionen und Hotels des Kurfürstendamms wohnte, hier traf man sich unter der Normaluhr an der Hardenbergstraße, und hier flanierte man so ganz anders als im Viertel der Friedrichstraße. In der zweiten Hälfte der dreißiger Jahre wurden am »Bahnhof Zoo« an Stelle der verrauchten Anlage aus Kaisers Zeiten die beiden lichten Glashallen nach einem pagodenhaften Entwurf von Fritz Hane erbaut. Sie nahmen vier Ferngleise und das Stadtbahngleispaar in sich auf; ein bis heute verkanntes Meisterwerk der Eisenbahn-Architektur.

Weiter ging die Fahrt an den exotischen Tieren vorüber, Grün umgab die Hochstrecke, vorbei an den Parkanlagen des Tiergartens und an Schloß Bellevue. Der Lehrter Stadtbahnhof, unter sich die Fernzüge nach Hamburg, blieb zurück, schon waren die lange Brücke über den Humboldthafen am Reichstag und die hohe Spreebrücke vor dem Bahnhof Friedrichstraße erreicht.

Der Bahnhof »Ausstellung« wurde am 10. Dezember 1928 als Umsteigebahnhof zwischen Stadtbahn und Ringbahn eröffnet. Er war als Turmbahnhof erstmals mit Rolltreppen ausgestattet. Werktags hielten hier über 800, sonntags über 1200 Züge: Oben liegen die Vollringgleise Westend-Halensee, unten die Strecken Spandau-Charlottenburg und Grunewald-Charlottenburg mit getrennten Bahngleisen. Am 15. Januar 1932 erhielt der Bahnhof den Namen »Westkreuz«. Aufnahme von Friedrich Grünwald, 1929.

Vorstadt-Idyll am Bahnhof Grunewald, aufgenommen im Sommer 1938 von Hans Hartz. Das Eingangsgebäude im Villenstil ist 1899 durch Karl Cornelius errichtet worden. Von dieser Station fuhren ab Oktober 1941 viele Deportationszüge mit Berliner Juden in den »Osten«.

Der Bahnhof Berlin-Charlottenburg am Stuttgarter Platz, gesehen von Friedrich Grünwald im Jahre 1929: Blick über die vier Bahnsteige in südlicher Richtung.

Zwei schöne Fotografien von der Umstellung der Stadtbahn auf elektrischen Betrieb: Oben ein alter Zug mit der T 12-Lokomotive 74 1201, bestehend aus den berühmten dreiachsigen Waggons, auf dem Weg von Mahlsdorf nach Wilmersdorf-Friedenau über Stadtbahn und Halensee.
Die Bilder wurden im Mai 1928 am Savignyplatz aufgenommen.

Wenige Minuten später folgt auf dem gleichen Gleis, dessen Stromschiene bereits eingeschaltet ist, ein Vollzug aus Stadtbahnwagen ET 165 in Sonderfahrt. Ein Dampfzug hat die Stelle soeben in Richtung zum Bahnhof Zoo passiert; im Hintergrund der Turm der Kaiser-Wilhelm-Gedächtniskirche.

Der Bahnhof Zoologischer Garten hatte in den zwanziger und dreißiger Jahren als Fernbahnstation für den neuen Westen erhebliche Bedeutung. Hier die alte zweigleisige Fernverkehrshalle vor ihrem Abriß; am 8. Oktober 1934 hat sie Max Krajewsky von der Joachimstaler Straße her gesehen.

Die »Normaluhr« am Bahnhof Zoo war ein beliebter Treffpunkt, der es in den Jahren der Weimarer Republik bis zu literarischer Berühmtheit brachte. Aufnahme 1932 von Hans G. Casparius.

Ausgang
Ausgang und zur S-Bahn
Gleis 3
03 243

Auch die Station Tiergarten wurde in den dreißiger Jahren umgebaut, weil die »Ost-West-Achse« verbreitert werden sollte. Der neue Bahnhof Tiergarten war am 7. April 1936 fertiggestellt; gesehen von Arthur Grimm.

Ein Stadtbahnzug verläßt den Bahnhof Bellevue in Richtung Westen, dahinter sind die Häuser der Flensburger Straße in Moabit zu erkennen. Aufnahme von Friedrich Seidenstücker, um 1930.

◁ Der Bahnhof Zoo war gegen Ende der zwanziger Jahre für den gewachsenen Verkehr zu klein geworden, so daß die Reichsbahn von 1934 bis 1940 eine große Fernbahnhalle mit zwei Bahnsteigen und eine über die Hardenbergstraße vorgeschobene Stadtbahnhalle neu erbaute. Josef Donderer hat die noch nicht verglaste Fernbahnhalle im Mai 1942 aufgenommen.

Gleisbauarbeiten zur Steigerung der Tragfähigkeit auf den gemauerten Viadukten waren an der Stadtbahn laufend zu beobachten. Hier die Halle des Lehrter Stadtbahnhofes im Jahre 1927 mit einem Behelfsbahnsteig an den Ferngleisen.

Blick über den Humboldthafen in südlicher Richtung auf den Lehrter Fernbahnhof und den quer davor liegenden Stadtbahnhof, 1930. Damals stand die Siegessäule noch auf dem Platz der Republik vor dem Reichstag.

▷ Nochmals ein Blick auf die den Humboldthafen überquerenden Stadtbahngleise und den Lehrter Stadtbahnhof, um 1930. Ganz links ist auch die nördliche Fassade des Lehrter Fernbahnhofs zur Gleisseite hin zu erkennen.

Berlin. Bahnhof Friedrichstr.

Bahnhöfe Friedrichstraße und Alexanderplatz

Setzen wir unsere Fahrt auf der Stadtbahn ostwärts weiter fort und lassen die Stationen vorüberziehen: Da war der Bahnhof Friedrichstraße, bald nach dem Beginn der Reichsbahnzeit um einen zweiten Fernbahnsteig erweitert und zu der heute noch vorhandenen zweischiffigen Stahlkonstruktion mit einem dunklen Sockel aus violettbraunen Eisenklinkern umgebaut; durch die Anlage im Bogen immer besonders eindrucksvoll. Der Architekt Carl Theodor Brodführer hat hier zwischen 1921 und 1926 sein Meisterstück errichtet, das sich wie ein expressionistischer Industriebau ansieht.

Vielleicht durch das benachbarte Central-Hotel angeregt, hielten viele Menschen diese Station für den »Zentralbahnhof« Berlins. Siebenhundert Züge mit mehr als hunderttausend Reisenden berührten ihn täglich; durch die nahen »Linden«, durch das Metropoltheater, den Admiralspalast und die Komische Oper, durch das Große Schauspielhaus und das Theater am Schiffbauerdamm, durch Kultur und Amüsement in seiner Umgebung war er recht schnell zum wichtigsten Berliner Bahnhof geworden. Seine Bedeutung wurde noch unterstrichen, als ab 1936 die unterirdische Nordsüd-S-Bahn hier die Stadtbahn kreuzte.

Zwischen 1918 und 1925 wurde der Bahnhof Friedrichstraße völlig neu gebaut. In dieser Ansicht von 1935 ist der Größenunterschied der beiden Hallen gut zu erkennen: Die linke für den Fernverkehr war 38,7 Meter breit, die rechte für die S-Bahn nur 19 Meter. Höhe der Bauwerke: 16,7 Meter.

An der Museumsinsel und am Schloß Monbijou, am Bahnhof Börse und an den Städtischen Zentralmarkthallen vorbei, da war der Bahnhof Alexanderplatz. »Hier schlug das Herz Berlins, der Alex gehörte den Berlinern allein«, schrieb ein Chronist. Manche Langstreckenzüge hielten dort nicht an, um den zweigleisigen Fernbahnsteig nicht zu überlasten. Mehr als die allmähliche Modernisierung der Stationshalle nahm aber der rasende Wandel des Alexanderplatzes selbst das Auge gefangen. In seinem Roman »Berlin Alexanderplatz« hat Alfred Döblin eindringlich diese turbulente Zeit um 1930 beschrieben. Rathaus und Stadthaus waren nicht fern; zu beiden Seiten der Strecke lagen Polizeipräsidium und Gericht.

Dann folgte gleich der Bahnhof Jannowitzbrücke, ebenfalls mit einem kantigen Neubau der späten zwanziger Jahre direkt an der Spree versehen, mit den ihn umgebenden Fabriken, mit weißen Ausflugsdampfern, Alt-Berliner Kneipen und dem Märkischen Museum südlich des Flusses. Schließlich kam der Schlesische Bahnhof, über den das anschließende Kapitel berichten wird.

Zahlreiche Viaduktbögen der Berliner Stadtbahn sind von der Eisenbahndirektion Berlin gewerblich vermietet worden: Gastwirtschaften, allen voran der »Franziskaner« am Bahnhof Friedrichstraße, sowie Händler, Trödler und Handwerker zählten zu ihren Nutzern. Auch an diesen Viadukten wurde in alter Berliner Manier immer gebaut. Nach ihrer Ausstattung für elektrischen S-Bahn-Betrieb bis 1928 stand ab 1930 die Erhöhung der Tragfähigkeit des Bauwerks für die schweren Lokomotiven vor den Fernzügen im Vordergrund. Dazu mußten manche Straßenbrücken der Stadtbahn, auch der auf vielen Ansichtskarten abgebildete eiserne Bogen über die Friedrichstraße selbst, erneuert werden.

Den Zweiten Weltkrieg hat der Bahnhof Friedrichstraße relativ unbeschadet überstanden. Seine Bedeutung für den Berliner Fernverkehr wuchs in den frühen Jahren der DDR mächtig an, denn der »Interzonenverkehr« aus dem Westen lief nicht mehr in die alten Kopfbahnhöfe, sondern auf die Stadtbahn. Am 13. August 1961 wurde der Bahnhof Friedrichstraße zur »Grenzübergangsstelle« mit getrennten Bahnsteigen für beide Teile der Stadt umgewandelt.

Für den Bahnhofsneubau, den der angeschwollene Verkehr erforderlich machte, mußte an der Friedrichstraße zunächst der alte Rundbogenbau aus dem Eröffnungsjahr der Stadtbahn (1882) abgetragen werden. Bild vom Abriß aus den Jahren um 1919.

Hier werden bereits die eisernen Träger für den neuen Bahnhof Friedrichstraße aufgebaut und eingerammt. Der Zugverkehr war in jenen Jahren durch die Baumaßnahmen recht stark behindert.

▷ Die Friedrichstraße gab dem zentralen Bahnhof Berlins ihren Namen; sie war zugleich Sinnbild für Geschäft und Amüsement im Herzen der Stadt. Ein Lieferwagen von »Aschingers Bierquelle« steht im Mittelpunkt dieser Aufnahme aus dem Jahr 1930. Die Brückenkonstruktion wurde 1935 ausgewechselt. Jedem Besucher blieb auch der Hinweispfeil zum »Franziskaner« in der Erinnerung, wo man im Stadtbahnbogen sein Bier trinken konnte, während oben die Züge rumpelten.

BAHNHOF FRIEDRICHSTRASSE
Konzert-Kaffee
HERREN-MODEN-HA
OSCAR BLUTH
ASCHINGER
Eduard Palm
ASCHINGER
BLUTH HUT-FABRIK
DER ELEGANTE HE
Aschinger's
Großschlächterei
UND
Wurstfabrik
OSCAR BLUTH
ASCHINGER
ASCHINGER

Ein Portal zum Bahnhof Friedrichstraße.
Der Entwurf stammte von dem Regierungs- und Baurat Carl Theodor Brodführer, die Modelle zum bildlichen Schmuck von Bildhauer Felix Kupsch. Die eiserne Halle hat Beuchelt & Co. aus dem schlesischen Grünberg errichtet.

Die Spreebrücke am Bahnhof Friedrichstraße mit dem verschnörkelten Anlegesteg der Reederei Bauer. Die schmalere Halle vorn steht über den beiden S-Bahn-Gleisen; der mächtigere Bau dahinter beherbergt vier Fernbahngleise. Wie die Schilder der beteiligten Baufirmen ausweisen, wird die Spreebrücke gerade überholt.

Der »neue« Bahnhof Friedrichstraße, aufgenommen von dem angesehenen Berliner Fotografen Waldemar Titzenthaler im Jahre 1928. Sicht auf die Südostseite der Fernbahnhalle an der Friedrichstraße.

Am 30. Juni 1935 traf der Schnelltriebwagen »Fliegender Kölner« auf einer Probefahrt für Öffentlichkeit und Presse zum erstenmal auf dem Berliner Bahnhof Friedrichstraße ein.

Die östliche Ausfahrt des Bahnhofs Friedrichstraße mit Lok 38 2851 aus Landsberg an der Warthe vor Eilzug E 87 nach Schneidemühl. Am 10. April 1938 ließ Hitler – worauf die Tenderbemalung hinweist – eine Abstimmung über den »Anschluß Österreichs« durchführen.

◁ Die gewaltige Spreebrücke der Stadtbahn am Bahnhof Friedrichstraße, hier 1934 aus der Perspektive von Fluß und Straße gesehen. Hunderttausende von Nieten waren hier verarbeitet.

◁ Szene beim Bau der Nordsüd-S-Bahn im Jahre 1935: Blick durch die Neustädtische Kirchstraße auf die Fernbahnseite des Bahnhofs Friedrichstraße, dahinter das Schiffbauerdamm-Theater.

Beeindruckend auch die Raumwirkung der geschwungenen Stahlkonstruktion, die 1924 fertiggestellt war. Der eingefahrene Eilzug E 131 mit seiner S 10-Lokomotive fuhr gegen 11 Uhr über die Stadtbahn, Frankfurt an der Oder und Sagan nach Breslau. Aufnahme vom August 1931.

Blick in die obere Friedrichstraße an der Kreuzung mit der Dorotheenstraße. Links das »Central-Hotel« mit dem Varieté Wintergarten, einem besonderen Anziehungspunkt für den Fremden in Berlin. Im Hintergrund überbrückt die Stadtbahn die Straße.

Blick über die Königstraße im Berliner Stadtbezirk Mitte auf den Bahnhof Alexanderplatz im Jahre 1928. Dieses aus dem Jahr 1882 stammende Bauwerk ist zwischen 1929 und 1932 kräftig erneuert worden; es erreichte in der Halle 37,1 Meter Breite und 19,6 Meter Höhe.

Die Ansage zur einfahrenden Bahn lautete: »Berlin Alexanderplatz, Zug nach Mahlsdorf.« Mancher Leser wird diesen Text noch im Ohr haben. Blick in Richtung auf den Bahnhof Börse, etwa 1936.

Bahnhof Alexanderplatz mit dem Eingang zur Untergrundbahn und der Dircksenstaße um das Jahr 1931. Der Architekt Ernst Dircksen hatte in Berlin um 1875 den Bau der Ringbahn und später die Anlage der Stadtbahn maßgeblich bestimmt.

Die Luftaufnahme des Jahres 1933 zeigt den Alexanderplatz von oben; links hinten die Großmarkthalle. Rechts neben dem Bahnhof die Hochhäuser »Berolina« und »Alexander«, die kurz zuvor nach Entwürfen des Architekten Peter Behrens gebaut worden waren.

Der alte, dunkle Alexanderplatz mit der Stadtbahnstrecke spielte in Alfred Döblins Roman »Berlin Alexanderplatz« von 1930 eine große Rolle. Fünf Jahre später präsentierte sich der Platz mit dem Denkmal der »Berolina« völlig verändert und deutlich aufgeräumter.

Schnappschuß von Emil Brett aus dem Jahr 1933 vom Dachgarten des Alexander-Hochhauses in östlicher Richtung auf die Dircksenstraße:
Die Tische vor dem Bierlokal »Zum Prälaten« in den Stadtbahnbögen sind weiß gedeckt, und ein S-Bahn-Zug huscht vorüber.

Auf dem Weg zwischen Alexanderplatz und Jannowitzbrücke passieren die Stadtbahnzüge das Polizeipräsidium (rechts) sowie das Landgericht Berlin I und das Amtsgericht Mitte (links). Ganz hinten sind schwach noch die Hochhausbaustelle und der Bahnhof Alexanderplatz selbst zu sehen; 1930.

Die Stadtbahnstrecke an der Jannowitzbrücke über die Spree, etwa 1926 aufgenommen. Neben der Signalbrücke für die Fernzüge ein Dampfzug mit einer T 12-Lokomotive vor dreiachsigen Abteilwagen. Links fuhren die Züge zum Alexanderplatz, rechts zum Schlesischen Bahnhof.

3

Szenen am Schlesischen Bahnhof

Einige Namen hat dieser bedeutende Bahnhof im Stadtbezirk Friedrichshain schon getragen. In den Anfangsjahren der Eisenbahn stand hier seit 1842 ein kleines Bauwerk, »Frankfurter Bahnhof« genannt nach dem ersten Ziel dieser Bahn in der Stadt an der Oder. Auch seit einer Verlängerung der Strecke bis Breslau durch die Niederschlesisch-Märkische Eisenbahn trug er diese Bezeichnung weiter. In den Jahren 1868/69 entstand an fast gleicher Stelle nach Plänen des Baurates Eduard Römer der Neubau eines Kopfbahnhofes mit einer eisernen Halle nach Entwürfen von Johann Wilhelm Schwedler, für den nun erst der Name »Niederschlesisch-Märkischer Bahnhof« eingeführt wurde.

Als er in den Stadtbahnplänen der siebziger Jahre des vorigen Jahrhunderts zum östlichen Endpunkt dieser eigentlich als ein großer Bahnhof betrachteten Gesamtanlage bestimmt wurde, mußten seine Gleise innerhalb der Halle von 1869 auf das Niveau der Viaduktstrecke angehoben und eine zweite Halle für Lokalzüge angebaut werden. Der benachbarte »Ostbahnhof« der Königlichen Ostbahn am Küstriner Platz übernahm während des Umbaus den Verkehr, konnte sodann wegen der Stadtbahn aber am 14. Mai 1882 geschlossen werden. Noch vor Eröffnung der Stadtbahn wurde der »Niederschlesisch-Märkische« per 15. Oktober 1881 umgetauft in »Schlesischer Bahnhof«. Diesen Namen behielt der Bau immerhin bis zum 1. Dezember 1950, als er mit der früher von seinem längst vergessenen Nachbarn getragenen Bezeichnung »Ostbahnhof« belegt wurde. Seit dem 15. Dezember 1987 heißt die Station nun »Berlin Hauptbahnhof«; vermutlich nicht mehr allzu lange.

In den zwanziger Jahren war das Milieu am Schlesischen Bahnhof eher berüchtigt als berühmt; übervölkerte Mietskasernen und Hinterhöfe rundum, Zuwanderer und Landarbeiter aus dem armen Osten auf dem Bahnsteig, zwielichtige Gestalten auch. Viele Berliner Reisende stiegen hier niemals aus, denn bummeln und flanieren wollte in der Gegend am Schlesischen Bahnhof niemand.

Charakteristisch für den Schlesischen Bahnhof waren vor dem Krieg immer die beiden unterschiedlich alten Hallen. Die nördliche, die dem Stadtbahnverkehr diente, war von Abgasen zerfressen und wurde schon 1924/26 erneuert, während die südliche erst 1936/37 an die Reihe kam. Wohl der prominenteste Gast in der Fernbahnhalle war damals der Luxuszug L 11 »Nord-Express«, der von England, Belgien und Frankreich nach Polen und Lettland lief. Der westliche Zugteil bis Berlin Stadtbahn verkehrte täglich, der Anschluß nach Osten wegen geringeren Bedarfs nur sonntags, mittwochs und freitags. Ein Bildreporter des Jahres 1927 hat versucht, die ganze Atmosphäre dieses Zuges in den aufgeregt stolzen Gesichtern des Personals vor seinen Fahrzeugen widerzuspiegeln, und wir zeigen daraus eine kleine Auswahl.

Ostwärts des Schlesischen Bahnhofs lagen die Station an der Warschauer Straße und das seit 1933 so genannte »Ostkreuz« mit der Ringbahn; beides trotz mehrfacher Umbauten in den zwanziger Jahren immer recht unschöne Anlagen. Weiter draußen, bei Rummelsburg, verzweigten sich die Gleise nach Fürstenwalde und Frankfurt (Oder) an der Schlesischen Bahn sowie nach Strausberg und Küstrin an der alten Ostbahn. Eine besondere Strecke vom Wriezener Bahnhof in der Nähe des »Schlesischen« führte mit Bummelzügen nach Werneuchen und Wriezen im Oderbruch.

Bei der Abfahrt eines schweren Schnellzuges vom Schlesischen Bahnhof nach Polen, um 1930.
Die Südhalle des Schlesischen Bahnhofs für den Fernverkehr wurde bald darauf erneuert. Als sie im März 1937 fertiggestellt war, sprach die Presse von der Gesamtanlage der beiden Hallenschiffe ohne Trennwände als dem »bedeutendsten Hallenbau aller Berliner Bahnhöfe«.

Auch vor dem »Nord-Express« des Jahres 1929 darf eine preußische $S\ 10^1$-Schnellzuglokomotive nicht fehlen: Es ist die Maschine 171105 vom Bahnbetriebswerk Frankfurt an der Oder, die bis zum Grenzbahnhof Neu Bentschen vor dem Zug bleibt.

Der Schlesische Bahnhof nach dem Ersten Weltkrieg, gesehen von Südwesten. In den Jahren 1924/26 wurde die aus dem Jahr 1882 stammende Nordhalle für den Stadtbahnverkehr erneuert.

▷ Koch und Oberkellner des Speisewagens im »Nord-Express« vor der Abfahrt von Berlin.

▷ Der Zugführer der Reichsbahn mit dem roten Schulterband vor dem großen Tender der Reihe $S\ 10^1$ im Schlesischen Bahnhof.

Der Zugführer der Internationalen Schlaf-wagen-gesellschaft mit Schlafwagenschaffner und Gepäckwagenbegleiter vor dem Laufschild »Nord-Express: London – Oostende – Bruxelles – Aachen – Köln – Hagen – Hamm – Hannover – Berlin – Kaunas – Riga«.

Langsam rollt der »Nord-Express« aus der Halle, während die Schaffner noch in den Türen der Schlafwagen stehen. Der Wagen hat das Laufschild »(London –) Boulogne – Berlin – Warschau«.

Auch im Personenzugdienst, wie hier vor dem P 206 von Neu Bentschen über Frankfurt an der Oder nach Charlottenburg, wurden die S 10^1-Lokomotiven um 1935 gern eingesetzt. Aufnahme von Carl Bellingrodt mit Lokomotive 17 1054 bei der Fahrt durch den Bahnhof Wuhlheide.

Dieses Empfangsgebäude des Vorortbahnhofs Berlin-Köpenick stammt von der Jahrhundertwende, als die Gleise der Schlesischen Bahn hier hochgelegt wurden. Aufnahme mit einem Doppelstockbus auf der Linie 27 E um 1939.

Rund um den Anhalter Bahnhof

Ein schönes Bauwerk, wohl der prominenteste Berliner Bahnhof, zeigt sich uns in den folgenden Bildern. Er wurde nach den Plänen von Franz Schwechten aufgebaut, der einige Jahre später auch die Architektur der Kaiser-Wilhelm-Gedächtniskirche und des Hauses Vaterland am Potsdamer Platz bestimmen sollte.
Die Eröffnung des »Anhalters« war am 15. Juni 1880 gewesen, seine Stillegung erfolgte am 17. Mai 1952, die Sprengung der Ruine begann Ende 1960.

Welche Atmosphäre den Eisenbahnfreund während der dreißiger Jahre erwartete, das hat Karl-Ernst Maedel trefflich in seiner »Begegnung mit einem Bahnhof« geschildert:

»Berlin – Anhalter Bahnhof! Man sollte diese Worte ganz langsam und mit Bedacht sprechen: Anhalter Bahnhof! Denn sie schließen eine Welt in sich ein, eine eigene Welt, unnachahmlich und einmalig, war doch dieser Bahnhof wie selten ein anderer eine Pforte des Ein- und Ausganges, ein Tor nach dem Süden, nach Italien, Frankreich, Spanien, aber auch nach dem mittleren und südlichen Deutschland. Namen, Richtungsschilder tauchen in endloser Reihe auf: Dresden, Chemnitz, Leipzig, Halle, Erfurt, Frankfurt am Main, Stuttgart, Nürnberg, München – Namen, die einstmals zum Alltag dieses Bahnhofs gehörten, zu einem gewesenen Alltag. Wie kein anderer war er – als ein Ferienbahnhof der Berliner – ein Tor der Freude, der Erwartung, der Hoffnung. Von hier aus nahmen die Züge unserer Träume und Sehnsüchte ihren Lauf nach Rom, Mailand, Innsbruck, Zürich, Basel, Schwarzwald, Allgäu, Oberbayern, Rheinland, nach dem Frankenland, Sachsen, Elbsandsteingebirge, Prag, Wien, Belgrad und Athen.

Anhalter Bahnhof – das hieß pulsierendes Leben, atemberaubende Dynamik, ewiges Kommen und Gehen. Die Züge folgten zu den Hauptreisezeiten in 5 Minuten Abstand. Nur 6 Bahnsteiggleise bewältigten den gesamten Verkehr nach Sachsen, Mittel-, Süd- und Südwestdeutschland. Eine einzige Halle von 60 m Breite und 167 m Länge überspannte eine Welt, andersartig und schon halb losgelöst aus dem Organismus der Riesenstadt, und doch ureigenster Bestandteil ihres Wesens.

Die Bahn führt hier mitten in das Herz der Reichshauptstadt hinein. Schritt man die Treppe hinab, so war man unmittelbar in der Turbulenz des alten Berlin, wenn auch der schöne Baumbestand des Askanischen Platzes den wilden Rhythmus zunächst dämpfte.

Nur Minuten waren es bis zum Potsdamer Platz, zur Leipziger Straße, wenige Häuserschluchten weiter verliefen die Friedrichstraße, die Wilhelmstraße als politisches Zentrum; nach rechts kam man zum Halleschen Tor mit seinen schwarzen Hochbahngerüsten. Anhalter Bahnhof und Berliner Stadtmitte waren ein Begriff. Lange, lange Züge verließen den Anhalter Bahnhof. Man konnte sie gut sehen, wenn man mit der Hochbahn vom Gleisdreieck aus über die ausgedehnten Bahnhofsanlagen fuhr – welch ein Erlebnis war das doch!

Und erst die Maschinen! Preußische und sächsische, Berliner, Leipziger, Hallische, Erfurter, Wittenberger, Dresdener Maschinenmänner riefen in ihren Dialekten durcheinander. 01er, 03er, S 10er sämtlicher Baumuster, P 8, P 10er und T 11 waren vorhanden, dazwischen auch die großen sächsischen XVIII H, Fremdlinge inmitten der preußischen Welt, deren Dreivierteltakt-Auspuff genauso zum Begriff Anhalter Bahnhof gehörte wie der dumpf klingende Schlag der kleinen Rangierlokomotiven der Baureihe 89 und gar die S 3/6 aus Halle.«

Der Anhalter Bahnhof in der zweiten Hälfte der dreißiger Jahre mit Blick auf den Askanischen Platz. Aufnahme von Hans Hartz. Am rechten Bildrand, hinter den Bäumen, ist eine Baustelle der Nordsüd-S-Bahn zu denken.

Auch zur Reichsbahnzeit besaß die Lokomotive 17 1134, die vormalige S 10^1 »Halle 1112«, noch ihren versuchsweise angebrachten Windleitkragen am Kamin. Die Maschine gehörte 1931 zum Betriebswerk Anhalter Bahnhof.

Reiseverkehr im Sommer – Züge nach dem Süden gingen vom Anhalter Bahnhof ab. Rechts die berühmten »Siesta-Kissen«, mit denen man sich die »Holzklasse« etwas polstern konnte. Die »Mitropa« hatte die Gesellschaft aufgekauft.

Der »Riviera-Napoli-Express« wurde bereits auf Seite 12 vorgestellt; sein erster Verkehrstag war der 3. Januar 1931. Nach der Abfahrt um 12.53 Uhr donnert der Zug über den Landwehrkanal und fährt unter der Hochbahnbrücke hindurch.

Vor dem abfahrbereiten Zug steht die Leipziger Schnellzuglok 03 155, die den Zug D 126 auf dem ersten Teil seines Weges nach Nürnberg befördern soll. Daneben ist ein italienischer Kurswagen zu sehen.

Abschied am Fernzug nach Süddeutschland, von Friedrich Seidenstücker 1930 am Anhalter Bahnhof gesehen.

◁ Eine ganze Bildserie hat Friedrich Seidenstücker 1930 am Anhalter Bahnhof aufgenommen: Beratung zwischen Zugführer, Schaffner und Fahrgast.

◁ Ein kleiner Plausch auf dem Bahnsteig des Anhalter Bahnhofs über die Vorzüge der Reise im Hundeabteil.

Hier dampft der Schnellzug vom Anhalter Bahnhof weg nach Süden: Schon hat die Lokomotive die Brücken über den Landwehrkanal und die Viadukte der Hochbahn mit ihrem Dampf eingehüllt.

◁ Aufgeschlagene Abteiltüren an einem Personenzug nach Wittenberg, der auf seine nachmittäglichen Fahrgäste wartet – ebenfalls beobachtet von Friedrich Seidenstücker.

Ihr Vorteil
Sie sparen 25%!

Rangierfahrt der Einheitslokomotive 89 003, die den eingelaufenen Zug wieder aus der Halle nach dem Abstellbahnhof zieht. Hier überquert sie den Landwehrkanal, aufgenommen von Heinz Ziegler.

Vor der Ausfahrt eines Sonderzuges zum 1. Mai des Jahres 1933 am Anhalter Bahnhof. Auf dem Tender der Lokomotive 38 3512 ist ein hoher Kohlenberg zu erkennen.

◁ Szene vor der Abfahrt des Morgenschnellzuges D 46 nach Saarbrücken vom Gleis 2 des Anhalter Bahnhofs, aufgenommen von Arthur Grimm am 20. Mai 1934.

Aus Dresden kamen die ehemals sächsischen Schnellzugloks der Reihe XVIII H täglich mehrfach nach Berlin herein; Fremdlinge in einer so ganz preußischen Welt.

▷ Bilder von Willy Pragher am 5. Mai 1938. Der »Henschel-Wegmann-Zug« mit seiner Lokomotive 61 001 lief zweimal täglich zwischen Dresden und Berlin hin und her. Für die 176 Kilometer lange Strecke benötigte er 95 bis 100 Minuten Fahrzeit.

▷ Vom Sommer 1936 bis zum Herbst 1939 verkehrte der »Henschel-Wegmann-Zug« zwischen Spree und Elbe. Seine Fahrzeuge waren violett-elfenbein wie die Schnelltriebwagen lackiert.

Unter der Hochbahnüberführung zwischen Gleisdreieck und Möckernbrücke, die hier das Bahnhofsvorfeld kreuzt, wurden viele Züge als Postkartenmotiv aufgenommen. Hier ist es einer der flotten Reichsbahn-Schnelltriebwagen neben dem neuen Stellwerk.

Seite 74: Zu den jüngeren Fotografen, die sich in den dreißiger Jahren mit dem Anhalter Bahnhof beschäftigten, gehörte auch Willy Pragher: Morgenstimmung im Mai 1938 mit ausfahrender Schnellzuglok der Reihe 03 und einer auf Abfahrt wartenden P 8.

Seite 75: In diesem Bild ist so recht die Atmosphäre der »großen weiten Welt« in den dreißiger Jahren eingefangen, als der Mitropa-Schlafwagen eine Reise über den Gotthard nach Mailand und weiter nach Rom verhieß. Foto am 27. April 1936 von Willy Pragher.

61 001

20

Kksbr
S 77,8t
P 70,2t
G 46,8t
Wagen
320
CHLAFWAGEN
Berlin Anh. B
Frankfurt (M.) - Darms
Karlsruhe - Basel - Luze
Sch PKP
SJ

Hs
17

Seite 76: Hier donnert die schwere Schnellzuglokomotive der Reihe 01 an einem Märzmorgen des Jahres 1930 »mit Volldampf aus der Großstadt«.

Seite 77: Abfahrbereite Schnellzüge am Anhalter Bahnhof rechts und einen bereits nach Frankfurt am Main losdampfenden Zug links zeigt diese Aufnahme von Willy Pragher am 16. April 1936.

Seite 78: Nochmals die Kanalbrücken am Halleschen Ufer, und zwar mit einem Blick aus dem Stellwerk nach Süden zum Bahnbetriebswerk Anhalter Bahnhof mit seinem typischen Wasserturm am 2. Mai 1938.

Seite 79: Diese P 8-Maschine setzt in Rückwärtsfahrt, vom Bahnbetriebswerk an der Trebbiner Straße kommend, über den Landwehrkanal an ihren Zug im Anhalter Bahnhof. Aufnahme Willy Pragher am 2. Mai 1938.

◁ Der »Fliegende Frankfurter« gehörte ab 1935, die bis Nürnberg vereinigten »Fliegenden Münchner« und »Stuttgarter« ab Sommer 1936 zum täglichen Bild des Anhalter Bahnhofs. Hier die Ankunft des Schnelltriebwagens vom Main am 12. August 1935, links die Schnellzuglok 03 075 vor Abfahrt nach Halle an der Saale.

▷ Die Lokomotive 18 009 hat vom Zug abgespannt und rollt langsam zum Bahnbetriebswerk südlich des Kanals. Heimlich aufgenommen von Waldemar Spieser.

▷ Der Schnellzug D 40, ein erstklassiger Zug über Halle, Nürnberg und Augsburg nach München, verließ den Anhalter Bahnhof um die Mittagszeit. Die im März 1940 abgelieferte Stromlinienlokomotive 01 1065 wirkt äußerlich bereits ungepflegt: Der Krieg hat begonnen.

Schnappschuß von Karl-Ernst Maedel aus dem abfahrenden Zug auf das Bahnbetriebswerk Anhalter Bahnhof: Blick auf die Abstellgruppe dieser Werkstätte mit Maschinen der Baureihen 17^{10} und 01.

Amateuraufnahme der riesigen Berliner Eisenbahnlandschaft, die sich nördlich der Yorckstraßen-Brücken erstreckte. Am linken Bildrand der Schuppen 3 des Bahnbetriebswerks Anhalter Bahnhof; die Kontur des Empfangsgebäudes ist am Horizont zu erkennen.

◁ Blick von der Trebbiner Straße und dem Tempelhofer Ufer in Kreuzberg nach Norden zum Anhalter Bahnhof, davor die Hochbahn-Viadukte der Strecke vom Gleisdreieck zur Möckernbrücke. Die Pfeiler werden umgebaut, weil unter ihnen der Tunnel für die Nordsüd-S-Bahn liegen soll. Aufnahme von Heinz Ziegler.

Verschiebebahnhof Tempelhof, vom neuen Wasserturm herab am 17. Juni 1932 durch Carl Bellingrodt aufgenommen. Rechts das Ausbesserungswerk Tempelhof, auf der Drehscheibe die Güterzug-Tenderlokomotive 93 007 aus der altpreußischen Gattung T 14.

Nacht am Anhalter Bahnhof, 1934.

Zossen

Der Potsdamer Fernbahnhof in Berlin

Der erste Bahnhof von Berlin stand an dem Ausgangspunkt einer Strecke nach Potsdam, die 1838 eröffnet worden war. Die Gleise dieser ersten Bahnlinie in Preußen wurden ehrfurchtsvoll immer als »Stammbahn« bezeichnet. Schon zwei Jahrzehnte später reichte das kleine, fast ländliche Gebäude vor dem »Potsdamer Tor« in Berlin für den Verkehr kaum noch aus, doch erst zwischen 1868 und 1872 wurde an der gleichen Stelle der neue Bahnhof errichtet: Im klassizistischen Stil gehalten, so vornehm wie ein Museum oder ein Institut, bewahrte dieses Werk des Eisenbahn-Baurates Ludwig Julius Quassowski bis in die Mitte der zwanziger Jahre durch den unmittelbar davor gelegenen Friedhof der Dreifaltigkeitsgemeinde seine ernste Distanz zur Unruhe der Großstadt. Auch die nach Süden versetzten Anlagen des Wannseebahnhofs rechts und des Ringbahnhofs links, die Anfang der neunziger Jahre des vorigen Jahrhunderts angefügt worden waren, hielten den geschäftigen Trubel des Nahverkehrs ein wenig von dem pompösen Bauwerk fern.

Die Gesamtanlage des Potsdamer Bahnhofs im Jahre 1937: Links der Wannseebahnsteig mit seiner spitzgiebligen Halle, in der Mitte – nach hinten versetzt – der Fernbahnhof mit seinen beiden Türmen, in den gerade ein elektrischer »Bankierzug« von Wannsee und Zehlendorf einfährt. Rechts die breiten Bahnsteige des Potsdamer Ringbahnhofs mit einem kurzen S-Bahn-Zug; hier gingen auch in späteren Jahren noch die dampfbetriebenen Vorortzüge nach Zossen und Wünsdorf ab, deren Richtungsschilder im Vordergrund auf dem Gerüst stehen.

Vom Potsdamer Bahnhof gingen die Fernzüge nach Magdeburg, Braunschweig, Westfalen, dem Rheinland, Luxemburg und Baden ab; ein Teil dieser Ziele war wahlweise auch vom Anhalter Bahnhof und über die Stadtbahn zu erreichen. Durch die Schienenstränge des Potsdamer Bahnhofs lagen der Harz mit den Ortschaften Thale, Wernigerode, Schierke, Blankenburg und Tanne, auch der Brocken und das Bodetal mit ihren klassischen Ausflügen und Bimmelbahnfahrten für die Berliner in günstiger Entfernung. Noch viel kürzer war die Fahrt in die alte Königsstadt Potsdam, zur Fliederblüte im Park von Sanssouci und Wildpark, im Neuen Garten wie am Pfingstberg, zum Eislauf in Caputh, Schwielow oder auch in Geltow.

Der Ortskundige benutzte nach dem »Bahnhof Potsdam« selbst allerdings nicht den kostspieligen Schnellzug oder Eilzug, sondern eine der verschiedenen S-Bahn-Linien oder auch einen »Werderzug«. Binnen einer Stunde Fahrzeit gelangte man mit diesem dampfgeführten Vorortzug vom Potsdamer Fernbahnhof nämlich auch zu Baumblüte und Obstwein in Werder, deren Freunde dann spätabends heiter die pompöse Freitreppe des Bahnhofs hinunterstolperten. Eine Besonderheit des Betriebs im Potsdamer Bahnhof bildeten ferner die sogenannten »Bankierzüge«, die draußen im Südwesten Berlins zwischen Neubabelsberg und Zehlendorf zwar die Bahnhöfe der Villenvororte an der alten Wannseebahn abfuhren, sodann in Zehlendorf aber auf die Ferngleise überwechselten und bis zum Potsdamer Bahnhof nicht mehr anhielten. Sie hat es schon bald nach der Jahrhundertwende gegeben, und selbst im Zweiten Weltkrieg fuhren sie noch den Potsdamer Bahnhof an. Der Fernbahnhof mußte bereits Anfang 1945 außer Betrieb gesetzt werden; seine Ruine wurde 1957/58 abgetragen.

Wenige Schritte neben diesem Bahnhof, auf dem Potsdamer Platz, stand einmal der erste Verkehrsturm Berlins mit den damals noch ungewohnten Ampeln, prunkte das Hotel Fürstenhof, lag das Haus Vaterland mit seinem einmaligen Amüsierbetrieb hinter gleißenden Lichterketten: mit der Mississippi-Bar, mit einer spanischen Bodega und mit der Rheinterrasse, über deren Panorama stündlich ein kunstvolles Gewitter aufzog.

POTSDAMER BAHNHOF

Blick aus der Vogelschau über den Potsdamer Platz mit Verkehrsturm und Potsdamer Bahnhof. Die Bauarbeiten zur Nordsüd-S-Bahn vor seinem Portal lassen auf das Jahr 1936 schließen. Im Hintergrund links ist die Halle des Anhalter Bahnhofs zu erkennen.

◁ Die Straßenfassade des Potsdamer Fernbahnhofs, 1938.

Für isende
mit aglasten

Blick mit Friedrich Seidenstücker in den lebhaften Bahnsteigbetrieb des Potsdamer Bahnhofs, um 1932: Ganz rechts ein D-Zug nach Bad Harzburg, daneben der Aachener D-Zug, Abfahrt 12.55 Uhr. Links am Bahnsteig B einer der beiden besonderen Kölner Schnellzüge, die nicht von der Stadtbahn abgingen, ganz links schließlich ein kürzlich eingelaufener »Werderzug«, der immer noch mit Dampf fuhr und sogar Sitzplätze der 1. Klasse bot.

◁ Offenkundig posieren die Kinder und der Mann für den Fotografen des Jahres 1939 auf einem Bahnsteig des Potsdamer Fernbahnhofs von Berlin.

◁ Auch am Potsdamer Fernbahnhof hat Friedrich Seidenstücker um 1930 die Reisenden belauscht: Ein Gespräch unter Damen.

Die bescheidene Amateuraufnahme vom Potsdamer Fernbahnhof zeigt einen mittäglichen »Werderzug« über die »Stammbahn« in den Südwesten Berlins; etwa 1930.

Abfahrtsszene am Mittelbahnsteig des Potsdamer Fernbahnhofs, gesehen von Friedrich Seidenstücker.

▷ Im Inneren der Fernbahnhalle des Potsdamer Bahnhofes zu Beginn des Krieges: Die Bahnhofswache der Wehrmacht hat ihre Tätigkeit aufgenommen. In Gleis 3 ist ein Vorortzug nach Werder angekündigt, in Gleis 1 der Schnellzug D 40 nach Düsseldorf.

BOENICKE-
ZIGARREN
Haus am Zoo
OTTO BOENICKE
BOENICKE-
ZIGARREN
Ausgang
Potsdamer Platz
Ausgang
Potsdamer Platz
Zur Bahnhofswache
der Wehrmacht
Gleis
1
der Bahnhofswache
Düsseldorf Hbf
Personenzug
Gepäck
Boye

Blick von der städtischen Hochbahnstrecke Kurfürstenstraße–Gleisdreieck nach Süden über die Anlagen am Potsdamer Außenbahnhof. Wir sehen ganz links einen einfahrenden Zug der Ringbahn zum Potsdamer Ringbahnhof, im Hintergrund zwei Hochbahnzüge auf der Strecke Bülowstraße–Potsdamer Platz mit dem dahinter versteckten Rundschuppen des Betriebswerkes Potsdamer Güterbahnhof. Abstellgleise für Güterzüge und Fernzüge beherrschen die Bildmitte; die Dampflok T 12 mit ihren Güterwagen will zum Güterschuppen und zu der Ladestraße am Schöneberger Ufer vorrücken. Rechts ist der Eilgutschuppen zu denken; schwach sind die Ferngleise zu erkennen.

Der Vollständigkeit halber auch ein Blick in die entgegengesetzte Richtung, also nach Norden: Diese Ansicht, von der auf Seite 94 gezeigten Hochbahnstrecke Bülowstraße–Gleisdreieck her aufgenommen, zeigt ganz in der Ferne den Wasserturm am Potsdamer Ringbahnhof, davor die Hochbahnlinie von der Kurfürstenstraße mit der Station Gleisdreieck rechts am Bildrand. Wir erblicken nun noch einmal die im vorigen Bild gezeigten Gleisgruppen, allerdings in umgekehrter Folge, sowie ganz rechts die Abstellgruppe der Reservewagen des Fernverkehrs. Beide Aufnahmen des Potsdamer Güterbahnhofs stammen von Friedrich Seidenstücker.

Eine Luftaufnahme des Potsdamer Bahnhofs aus nördlicher Richtung in den zwanziger Jahren, zu seinen beiden Seiten der Wannseebahnhof (rechts) und der Ringbahnhof (links). Leipziger und Potsdamer Platz liegen unten, der Anhalter Bahnhof links, oben die Güterbahnhöfe und die Hochbahnstrecken.

Nachtstimmung am Potsdamer Platz mit Hotel »Fürstenhof«, »Haus Vaterland«, dem Fernbahnhof und dem »Pschorr-Haus«, aufgenommen 1938 von Hans Hartz. Der Fotograf hat beinahe den gleichen Standort bezogen wie der Schöpfer des Bildes auf Seite 4.

Berlin-Wannseebahnhof
Lichterfelde West
Schlachtensee
Lichterfelde West

Abfahrt von Berlin-Wannseebahnhof

Der selbständige »Wannseebahnhof« neben dem Potsdamer Fernbahnhof ist am 1. Oktober 1891 eröffnet worden. Seine Vorgeschichte begann recht eigentlich schon 1874, denn damals wurde die »Alte Wannseebahn« zur Erschließung des Terrains von Zehlendorf über Schlachtensee, Nikolassee und Wannsee nach Neubabelsberg eröffnet, die fortan einen großen Teil der Züge des Ortsverkehrs von der »Stammbahn« auf sich zog. Schon bald, zu Anfang der neunziger Jahre des vergangenen Jahrhunderts, wurde ein eigenes Vorortgleispaar zwischen dem Potsdamer Bahnhof in Berlin und Zehlendorf gebaut. Für diese »Neue Wannseebahn« entstand außerdem auf der Westseite des Potsdamer Bahnhofs der eigene Wannseebahnhof als Kopfbahnhof mit zwei Gleisen; auch wurde die Betriebsabwicklung der Wannseebahn damals weitgehend vom Fernverkehr getrennt.

So war die erste echte Vorortbahn in Preußen entstanden. Sie eignete sich besonders für den vorübergehend angestellten elektrischen Versuchsbetrieb der Jahre 1900 bis 1902, als Siemens vom Wannseebahnhof bis Zehlendorf eine Stromschiene anbaute und einen Abteilwagen-Probezug zwischen den Dampfzügen auf der Strecke einsetzte.

Kurze Zeit später, anno 1907, führte die Preußische Staatsbahn die ersten Vorortzüge von Potsdam und Wannsee in Zehlendorf Mitte auf die Ferngleise über und ließ sie ohne Halt über Steglitz und Friedenau bis zum Potsdamer Bahnhof durchfahren. Damit wurde eine schnellere Verbindung mit dem Zentrum Berlins geschaffen, deren Wagen nach den wohlhabenden Fahrgästen aus den westlichen Villenvierteln bald »Bankierzüge« hießen. Ihr Betrieb blieb auch nach dem Ersten Weltkrieg erhalten, und als zum 15. Mai 1933 die gesamte Strecke der Wannseebahn mit Stromschienen ausgerüstet wurde, elektrifizierte man die Ferngleise der »Stammbahn« bis Zehlendorf wegen jener Züge ebenfalls. Nachdem die Deutsche Reichsbahn 1935 für diesen Verkehr die 120 Stundenkilometer schnellen S-Bahn-Züge der Reihe 125 beschaffte, machten diese Wagen den Namen »Bankierzüge« in weiten Kreisen bekannt. Prominentester Gast war Julius Dorpmüller. Sie fuhren den Potsdamer Fernbahnhof auch nach dem Herbst 1939 weiter an. Seit dem 9. Oktober 1939 liefen die Wannseebahnzüge durch den jetzt fertiggestellten Tunnel der Nordsüd-S-Bahn, und der kleine Wannseebahnhof wurde dem Fernverkehr zugeschlagen.

Schon Anfang 1945 waren diese Gebäude am Potsdamer Bahnhof und ihre Zufahrten durch Bomben so stark beschädigt, daß der Zugverkehr auf ihnen eingestellt werden mußte. Ende der fünfziger Jahre wurden die Ruinen abgetragen, doch blieb die Brachfläche noch viele Jahre unberührt liegen. Sie gehörte zwar zum östlichen Stadtbezirk Mitte, befand sich nach dem 13. August 1961 aber wegen ihres ungünstigen Grundrisses isoliert vor der Berliner Mauer; erst 1972 gelangte sie durch einen Geländetausch in die Hand des Senats in der westlichen Stadthälfte.

Aber auch in den folgenden Jahrzehnten gelang es nicht, das Gelände des Potsdamer Bahnhofs städtebaulich zu nutzen. Man durchschnitt es mit der verängerten Bernburger Straße und ließ auf der Nordhälfte das »Tempodrom«, auf der Südseite einen Trödelmarkt sich ansiedeln. 1987 wurde an seiner Ostseite die Magnetschwebebahn vom Gleisdreieck zum Kemperplatz aufgebaut, deren Haltepunkt an der Köthener Straße beinahe den Namen »Potsdamer Bahnhof« bekommen hätte. Erst nach dem Fall der Mauer wurde das Gelände wieder attraktiv.

Ausfahrt frei für den Zug nach Wannsee! Lichterfelde West und Schlachtensee waren weitere mögliche Endstationen auf der Wannseebahn, wie die Richtungsschilder auf dem Wannsee-Bahnsteig zeigen. Noch herrscht auch hier (1931) die Stadtbahnlokomotive T12.

Leuchtschriften wurden 1927 an allen wichtigen Berliner Bahnhöfen montiert, so auch diese drei Zeilen mit dem Hinweis zum Wannseebahnhof am Potsdamer Fernbahnhof.

Vor der Kulisse des Wannseebahnhofs setzt sich die Schnellzuglokomotive 17 225 rückwärts an ihren Zug, der vom Potsdamer Fernbahnhof in Richtung Braunschweig fahren soll.

Das typische »Gesicht« eines Wannseebahnzuges vor der Elektrifizierung dieser Strecke im Mai 1933: Stadtbahnlokomotive der Gattung T 12 mit vorgehängtem Zielschild nach Berlin-Wannseebahnhof.

»Der Potsdamer Bahnhof in Berlin wird in wenigen Jahren verschwunden« sein, schrieb die Reichsbahn im Jahre 1937, als sie dort mit den Baumaßnahmen zur Nordsüd-S-Bahn an die Öffentlichkeit trat. Aufnahme von Max Krajewsky am 3. September 1937. Ein Jahrzehnt später war dieser Satz zur traurigen Wirklichkeit geworden.

Ein architektonisches Juwel in fast expressionistischen Formen ist der 1928 vollendete Neubau des Bahnhofs Wannsee mit seiner achteckigen Schalterhalle. Der Entwurf stammte von einem langjährigen Hochbaudezernenten der Reichsbahndirektion Berlin, Richard Brademann. Er nahm Rücksicht auf den Ausflugsverkehr und auch auf den als Naturdenkmal geschützten Baumbestand.

Dieses Bauwerk auf Bahnhof Neubabelsberg, später Babelsberg-Ufastadt (heute Griebnitzsee), wurde bereits 1931 dem Verkehr übergeben. Typisch für die S-Bahn-Bauten dieser Zeit waren die betonten Schalterhallen. Architekt war Günther Lüttich, Fotograf war Hans Hartz 1938.

▷ Tief im Düppeler Forst, am Königsweg zwischen den Stationen Zehlendorf und Neubabelsberg, dampft ein Personenzug aus Richtung Potsdam mit seiner T 12-Lokomotive über die »Stammbahn« nach Berlin Potsdamer Bahnhof. Aufnahme um 1932.

Potsdamer Ringbahn
Eingang
TRAGT
SALAMANDER
BAD
KÖTHENERSTR. 36
VERBAND

Der Potsdamer Ring- und Vorortbahnhof

Bald nach der Vollendung des Berliner Südrings und dem Bau der Stadtbahn wurden in den frühen achtziger Jahren des vergangenen Jahrhunderts gewisse Vorbereitungen getroffen, um den Südringverkehr mittels einer »Spitzkehre« zum 1872 neu errichteten Potsdamer Bahnhof näher an das Zentrum Berlins heranzubringen. Das bedeutete praktisch, daß die Züge auf dem Südring in beiden Richtungen zwischen den Stationen Ebersstraße und Papestraße nicht einfach durchfuhren, sondern regelmäßig nordwärts abzweigten zum Potsdamer Bahnhof und dort »Kopf machten«. Besondere Experten sprangen deshalb bereits am Bahnhof Kolonnenstraße (früher: Schöneberg) aus ihrem Zug, um einen Gegenzug zu erhaschen, der diese Wende bereits hinter sich gebracht hatte und wieder dem Südring zusteuerte – das war »Berliner Verkehr« für Eingeweihte, denn man sparte Minuten.

Die drei Bahnsteige im Potsdamer Bahnhof boten aber dem zusätzlichen Verkehr bald nicht mehr genügend Platz, so daß für diesen Zweck zum 1. April 1891 östlich des Potsdamer Bahnhofs an der Köthener Straße der vorerst zweigleisige »Potsdamer Ringbahnhof« angefügt wurde. Eine eigene Viaduktstrecke verband ihn mit dem Südring.

Schon wenige Jahre später wurde neben dem Potsdamer Ringbahnhof ein weiteres Gleispaar für Vorortzüge, vornehmlich nach Lichterfelde Ost an der Anhalter Bahn und nach Zossen an der Dresdener Bahn, angebaut. Damit gingen zum 1. Dezember 1901 fast sämtliche Vorortzüge vom Anhalter Bahnhof auf diesen Potsdamer Vorortbahnhof über. Dessen Gleise schlängelten sich durch den Güterbahnhof der Dresdener Bahn und am Militärbahnhof Schöneberg vorbei bis hin zu dem verwirrenden Verzweigungsbauwerk bei Südende.

Auch hier wurde schon früh ein elektrischer Versuchsbetrieb eingerichtet. Ein Vorläufer der AEG stattete 1903 die Linie vom Potsdamer Ring- und Vorortbahnhof über Yorckstraße und Papestraße bis Groß Lichterfelde Ost mit Stromschienen für 550 Volt Gleichstrom und mit motorisierten Drehgestell-Abteilwagen aus, die bis 1929 liefen und sich gut bewährt hatten.

Die Reichsbahn gab 1927 an, daß die drei Teile des Potsdamer Bahnhofs täglich von 1240 Zügen angesteuert wurden; wenigstens die Hälfte davon rollte in den Ringbahnhof. Als mit der Elektrifizierung des Südrings im Jahr 1929 auch auf der Vorortstrecke nach Lichterfelde Ost die Stadtbahnwagen Einzug hielten, sorgten die Zossener und Wünsdorfer Züge mit ihren T 12-Lokomotiven bis 1939 noch für Abwechslung im Potsdamer Ring- und Vorortbahnhof; danach fuhr man von Mahlow und Lichterfelde Ost elektrisch in den Tunnel der Nordsüd-S-Bahn, und die Station diente bis Frühjahr 1944 wieder allein als Südring-Spitzkehre.

Die Zukunftspläne der späten dreißiger Jahre sahen vor, auch die Ringbahnstation noch unterirdisch nach Norden zum Bahnhof Potsdamer Platz zu verschieben, dann den Fernverkehr auf den zwischen Tempelhof und Schöneberg am Südring vorgesehenen neuen Fernbahnhof zu übernehmen und schließlich den Potsdamer Bahnhof mit beiden Flügelbahnhöfen zugunsten von Prachtbauten des Regimes vollständig abzutragen.

Heute wird das Gelände des Potsdamer Bahnhofs etwas lax als »am Potsdamer Platz« bezeichnet. Man baut darauf Bürogebäude. Südlich des Landwehrkanals liegt jetzt der Tunnelmund für eine unterirdische Fernbahnstrecke zum neuen »Lehrter Bahnhof« von Berlin.

Vorplatz und Eingangshalle des Potsdamer Ringbahnhofs im Jahre 1928. Rechts lag der Fernbahnhof, zur Wannseebahn gelangte man durch einen Tunnel. »Hier kommen die Berliner Angestellten an«, hieß es in einem zeitgenössischen Kommentar zu einem solchen Foto.

Belebte Szene im Berufsverkehr auf dem Potsdamer Ringbahnhof. Elektrische S-Bahn-Züge verkehrten auf der Ringbahn-Spitzkehre zu diesem Teil des Potsdamer Bahnhofs seit dem 18. April 1929.

Mit einem Zug aus Zossen ist die Lokomotive 74 1288 auf dem Potsdamer Ring- und Vorortbahnhof angekommen; 1937 aufgenommen von Hans Kobschätzky. Auffällig hier die große Lichtmaschine zur Stromversorgung des ganzen Zuges. Die Lokomotive wurde 1921 von Borsig unter der Nummer 11 058 als »Berlin 8742« gebaut.

Abfahrauftrag für einen Zug vom Potsdamer Ring- und Vorortbahnhof nach Zossen, gesehen von Friedrich Seidenstücker. Zu den Requisiten dieser Station gehörte unabdingbar der dickbäuchige Wasserturm am Hafenplatz.

Amateuraufnahme eines elektrischen Ringbahnzuges vor dem Schöneberger Gasometer an der Torgauer Straße und der Cheruskerstraße, um 1930. Die Wagen aus Richtung Papestraße sind soeben vom Südring auf die Spitzkehre zum Potsdamer Ringbahnhof übergewechselt.

An der Kreuzung von Ringbahn und Wannseebahn in Schöneberg wurde gelegentlich der Umstellung beider Strecken auf elektrischen Betrieb ein moderner Nahverkehrsbahnhof errichtet und am 1. März 1933 eröffnet. Die Aufnahme von Hans Bewilogua mit der Baustelle am Sachsendamm zeigt auch eine KPD-Parole.

◁ Der Fotograf Willy Pragher steht auf dem Hochbahnhof Gleisdreieck und hat die Kamera nach Norden gerichtet: Ganz rechts das Gebäude der Reichsbahndirektion Berlin am Schöneberger Ufer, daneben die zur Untergrundbahn sich senkende Hochbahnstrecke nach dem Potsdamer Platz, sodann in Bildmitte – mit Stromschiene – das Gleispaar der bereits seit dem 1. Dezember 1901 elektrifizierten Anhalter Vorortbahn vom Potsdamer Ring- und Vorortbahnhof nach Lichterfelde Ost, daneben die gerade von zwei Dampfzügen befahrene Südringstrecke zur Spitzkehre am Potsdamer Ringbahnhof. Aufnahme vom 28. August 1926.

Der Ringbahnhof Neukölln wurde als Übergangsbauwerk zur Untergrundbahn nach Gesundbrunnen 1930 neu angelegt. Seine neusachliche Klinker-Architektur hat Alfred Grenander von der Hochbahngesellschaft entworfen.

Blick über den Güterbahnhof Neukölln mit der Brücke der Hermannstraße, an welcher sich rechts der Ringbahnhof und links die kleine Station der Neukölln-Mittenwalder Eisenbahn abzeichnen. Eine Amateuraufnahme von 1933.

Bahnhof Halensee am Südring, Blick mit Friedrich Grünwald in südlicher Richtung. Links die beiden Personenbahnsteige, daneben das Gütergleispaar, schließlich rechts der Güterbahnhof Halensee. Ein Südringzug in Richtung Potsdamer Ringbahnhof ist eingelaufen; 1929.

Nochmals eine Szene in Halensee, nun von Fritz Eschen 1937 auf der Kurfürstendamm-Brücke nach Norden gesehen: Ein S-Bahn-Zug zur Papestraße kommt von der Stadtbahn aus Charlottenburg, während im Hintergrund der Schnelltriebwagen »Fliegender Kölner« das Westkreuz passiert.

Von Spandau nach dem Lehrter Bahnhof

Anders als dem Anhalter und dem Potsdamer Bahnhof in den vorangegangenen Kapiteln nähern wir uns nun – in Gedanken und in Bildern – dem Lehrter Bahnhof einmal nicht als abfahrender Reisender von der Straßenseite, sondern von seiner Gleisseite her als ankommender Fahrgast: Die alten Hamburger und Lehrter Bahnstrecken dienten Handel und Industrie für bessere Geschäftsreisen, sie trugen mit ihren Dampfzügen aber auch einen recht dichten Vorortverkehr aus dem Nordwesten heran. Dennoch war der Verkehr nach Spandau, Nauen und Wustermark damals nicht so kräftig, daß die Deutsche Reichsbahn sich vor dem Kriege dazu hätte entschließen können, ihn vollständig auf elektrischen S-Bahn-Betrieb umzustellen. In Spandau sah man also noch lange Jahre die Abteilwagen hinter einer Dampflok der Gattung T 12 vom Lehrter Bahnhof gleichzeitig mit elektrischen Zügen von der Stadtbahn.

Zwischen Spandau West und dem Lehrter Bahnhof in Berlin benutzten die Hamburger und die Lehrter Bahn gemeinsame Gleise; ab Bahnhof Jungfernheide wurden diese Schienen vom Nordring mit jeweils einem Gleispaar für Personen- und Güterverkehr begleitet. Bei einer Eisenbahnfahrt durch den Nordwesten Berlins zum Lehrter Bahnhof war hinter Spandau auf der rechten Seite der Stadionanschluß über Ruhleben zur Stadtbahnstrecke zu erblicken; in der Jungfernheide war auf der linken Seite der Abzweig zur im Jahr 1929 neu erbauten »Siemensbahn« zu sehen.

Die eisenbahntechnische Anbindung des Berliner Olympiastadions während der sportlich-politischen Spiele von 1936 geriet fast zu einer nationalen Demonstration. Fünfzigtausend Menschen pro Stunde konnten an den vier Bahnsteigen des neugestalteten Bahnhofs »Reichssportfeld« auf der Berliner S-Bahn abgefertigt werden; auf den Zufuhrstrecken verkehrten die Züge zeitweilig sogar im 90-Sekunden-Takt.

Der benachbarte Bahnhof Heerstraße diente immer wieder als Kulisse bei repräsentativen Empfängen, weil man von dort über die imposante »Ost-West-Achse« mit dem Auto in die Stadt hineinrollen konnte. Der Reichspräsident Hindenburg (1925) und der italienische Diktator Mussolini (1937) sind hier einmal angekommen. Reichsbahn und Regierung planten deshalb 1938 sogar, die Station für solche Anlässe großartig umzubauen und ihr künftig den Namen »Mussolini-Bahnhof« zu geben. Dazu ist es nicht mehr gekommen.

Sowohl die Hamburger wie auch die Lehrter Bahn waren durch ihre Lage im Flachland und durch die schlanke Trassierung ausgesprochene Rennstrecken. Die Deutsche Reichsbahn benutzte sie deshalb ausgiebig für Versuchsfahrten mit den Schnellfahrzeugen der dreißiger Jahre, aber sie setzte dort in der Vorkriegszeit auch planmäßig ihre modernsten Züge ein.

Wohl blieb der gewöhnliche Sterbliche von der Teilnahme an solchen Ereignissen meist ausgeschlossen, doch nicht wenige Berliner standen damals früh auf und stellten sich an die Schienenstränge, wenn die Tageszeitungen 1931 auf das Eintreffen des »Schienenzeppelins«, 1932 auf Probefahrten mit dem »Fliegenden Hamburger« oder 1936 auf die Premiere der Borsig-Stromlinienlokomotive, Baureihe 05, hingewiesen hatten. Erst wenn diese Errungenschaften des eisenbahntechnischen Fortschritts dem Berliner Publikum vor Augen geführt worden waren, konnten sie als öffentlich vorgestellt und akzeptiert gelten.

Blick in östlicher Richtung auf die Lehrter Bahn bei Staaken, also die Strecke nach Hannover und dem Ruhrgebiet. Links das Gleispaar für den Personenverkehr, rechts die Güter- und Betriebsgleise. Die Schnellzuglokomotive 17 1191 gehörte 1930 zum Bahnbetriebswerk Stendal. Foto von Friedrich Seidenstücker.

Vorortzug nach Wustermark, geführt von der Lokomotive 74 1125, von Carl Bellingrodt am 23. Juni 1935 an der gleichen Stelle bei Staaken aufgenommen wie das Bild auf Seite 114. Das Vorsignal läßt weiterhin »Fahrt frei!« erwarten.

Aus Hamburg kommend, ist Franz Kruckenbergs »Schienenzeppelin« am 21. Juni 1931 glücklich in Spandau, Bahnsteig C (Richtung Osten), angelangt. Dort drängen sich Reporter und Schaulustige, während rechts die »alte Zeit« in Form der Güterzuglok 93 207 vorüberdampft.

Spandau Hauptbahnhof – Blick vom Bahnsteig B an der bereits elektrifizierten Stadtbahnverlängerung von Charlottenburg über Westkreuz und Stadion nach Spandau West auf das tieferliegende Empfangsgebäude. Soeben läuft am Bahnsteig A (Richtung Westen) der Hamburger Eilzug mit seiner Lokomotive 38 2332 aus.

Schnappschuß von Waldemar Spieser: Neben dem Spandauer Rathaus überquerten die Hamburger und die Lehrter Bahn den Flußlauf der Havel auf gemeinsamen Brücken, über welche hier ein Ortsgüterzug mit der Lokomotive 93 093 aus Richtung Wustermark nach Berlin rollt.

Blick auf den kleinen Bahnhof Siemensstadt-Fürstenbrunn, die am 1. Juni 1905 eröffnete erste Haltestelle für die Siemens-Werke an den Vorortgleisen der Lehrter und Hamburger Bahn, mit den Fabrikneubauten im Jahr 1929.

Zu den Spielen der Olympiade wurde der 1908 angelegte Sonderbahnhof »Stadion Rennbahn Grunewald« ausgebaut und 1936 mit dem Namen »Reichssportfeld« wieder in Betrieb genommen. Fünfzigtausend Fahrgäste konnten hier pro Stunde abgefertigt werden, im Zweiminutenabstand trafen die Züge ein.

Mit der Verlängerung der Stadtbahn-Elektrifizierung von Charlottenburg in Richtung Spandau wurde am 23. August 1928 auch der neue Bahnhof Eichkamp (später Deutschlandhalle) seiner Bestimmung übergeben.

Bei Spandau West treffen und verzweigen sich die Lehrter und die Hamburger Bahnen in Berlin: Der »Fliegende Kölner« wird über die Strecke Spandau-Charlottenburg auf die Stadtbahn geleitet. Aufnahme nördlich der Heerstraße, 1935. Links ein von Spandau kommender S-Bahn-Zug, ebenfalls nach der Stadtbahn. Die Ferngleise rechts werden von den Dampfzug-Verbindungsgleisen zum Sonderbahnhof Reichssportfeld eingerahmt.

Am 13. Dezember 1929 wurde die »Siemensbahn« von der Jungfernheide nach Gartenfeld eröffnet, die besonders für die Arbeiter der Elektroindustrie gebaut worden war. Direkte Züge kamen sogar von der Papestraße über Treptow und den Nordring heran.

Den Bau der »Siemensbahn« übernahm der Elektrokonzern, während die Reichsbahn den Betrieb besorgte. Ihre Bahnhöfe, hier die Endstation in Gartenfeld, entwarf 1929 der Architekt Hans Hertlein, der den Ortsteil Siemensstadt stark geprägt hat.

▷ Die Luftbildaufnahme von Siemensstadt aus dem Jahr 1930 läßt erkennen, wie die neue Bahnstrecke zwischen den Bahnhöfen Wernerwerk und Siemensstadt den Siemensdamm überkreuzte. Das Wernerwerk und die hochmoderne »Ring-Siedlung« am Jungfernheideweg beherrschen das Bild.

Luftbildaufnahme von Siemensstadt.

Am Lehrter Fernbahnhof in Berlin

Nun ist der Lehrter Fernbahnhof erreicht, das ein wenig einsame, durch seine Lage an Spree und Humboldthafen vom Leben der Großstadt doch entfernte Bahnhofs-Schloß; Berlins Tor zur Nordsee und zur Hansestadt Hamburg. Bald nach der Reichsgründung von 1871 wurde der monumentale Neurenaissancebau nach den Entwürfen von Lent, Scholz und Lapierre eröffnet; bald nach dem Bau der Stadtbahn, die fortan alle Züge von Hannover übernahm, wurde der Verkehr mit den Hansestädten – nach einem kurzen Gastspiel gleichfalls auf der Stadtbahn – in den Lehrter Bahnhof übergeleitet und der alte Hamburger Bahnhof 1884 geschlossen.

Bis zum Beginn der Reichsbahnzeit hatte der Lehrter Bahnhof bereits so historisch bedeutungsvolle Ereignisse wie die Abfahrt des Kanzlers Bismarck nach seiner Entlassung 1890, die zahllosen Auswandererzüge – ganze Familien aus den östlichen Provinzen suchten ihr Glück in Amerika – während der letzten Jahrzehnte des Kaiserreichs und schließlich den Einzug der Kieler Matrosen im November 1918 gesehen, die von hier zum Sturm auf das Berliner Schloß marschierten.

In der Weimarer Republik spielte der Lehrter Bahnhof bald wieder seine zurückhaltende Rolle; so recht populär wurde er nie, denn seine wichtigsten Ferienziele Föhr, Amrum und Sylt waren teuer und mondän. Die von hier an die Elbe zuerst eingesetzten Schnellverkehrsmittel, der »Fliegende Hamburger« und die Borsig-Stromlinienlokomotive der Baureihe 05, zuvor schon ab 1926 die Zugtelefonie in den Fernschnellzügen dieser Strecke, zielten auf Börse und Handel als Reisepublikum, mit dem die Arbeiterheere in den dampfgeführten Vorortzügen vom Lehrter Bahnhof nach Wustermark und Dallgow-Döberitz, nach Nauen und Spandau nichts gemeinsam hatten.

Fünf Gleise lagen an einem Mittel- und zwei Seitenbahnsteigen; die östliche Seite der großen Halle diente der Abfahrt, die westliche der Ankunft. Direkt vor ihrer bahnseitigen Schaufassade liefen seit 1882 quer die Stadtbahngleise mit einer eigenen Haltestelle und eine breite Straßenbrücke für die Invalidenstraße vorüber, von der mancher Leser einst das geschäftige Treiben im Vorfeld des Lehrter Bahnhofs beobachtet haben mag.

Am Ende der dreißiger Jahre gab es bereits handfeste Projekte, den Lehrter Bahnhof wegen der »Neugestaltung der Reichshauptstadt« mit Wirkung vom 1. April 1940 weitgehend stillzulegen und das Empfangsgebäude abzubrechen. Seine Züge wären zunächst auf die Stadtbahn geleitet worden, bis der gigantische neue »Nordbahnhof« (damals: voraussichtlich im Jahre 1950) in Betrieb gegangen wäre. Bei Beginn des Zweiten Weltkrieges wurden die Stillegungspläne aufgehalten, doch tatsächlich ist der Lehrter Bahnhof dann am 28. August 1951 geschlossen und 1957/59 endgültig abgerissen worden. Seine letzten Ruinenspuren auf dem Gelände wurden beseitigt, als 1995 der Bau eines neuen Berliner Zentralbahnhofs an diesem geschichtsträchtigen Platz begann.

Schon 1910, bei dem Wettbewerb »Groß-Berlin«, waren die ersten Projekte zu einer unterirdischen Fernbahn-Verbindung zwischen dem Anhalter und dem Lehrter Bahnhof aufgetaucht. In gewisser Weise knüpft man heute an jene Pläne zu einem »Friedrich-List-Bahnhof« neben dem Reichstag an. Nun ist vorgesehen, nach Entwürfen von Gerkan und Marg im neuen Regierungsviertel einen Kreuzungsbahnhof zwischen der Stadtbahn und der Tunnelstrecke zu errichten. Welchen Namen der Neubau am Platz des alten »Lehrter Bahnhofs« wohl einmal tragen wird?

Blick vom Ufer der Spree auf das etwas heruntergekommene »Schloß unter Berlins Bahnhöfen«, den Lehrter Hauptbahnhof. Etwa 1929 aufgenommen von Friedrich Grünwald.

In der Halle des Lehrter Bahnhofs in Berlin, um 1933: Die Lokomotive 01 098 vom Betriebswerk Lehrter Bahnhof ist mit einem Zug von Hamburg an der Spree eingetroffen; ihre Mannschaft prüft das Triebwerk durch.

Die Luftaufnahme des Bezirks Tiergarten aus dem Jahre 1935 zeigt links an der Spree den Lehrter Bahnhof und die Halle der »Reichsluftfahrtsammlung«, rechts den Humboldthafen. Dahinter ist am Ufer des Spandauer Schiffahrtkanals der alte Hamburger Bahnhof, damals das Verkehrs- und Baumuseum, zu erkennen.

Die nagelneue Schnellzuglokomotive 01 099, von Krupp abgeliefert im Juni 1931, von Waldemar Spieser vor einem der Hamburger Schnellzüge im Lehrter Bahnhof abgelichtet. Links die Überführung der Invalidenstraße.

Das Nordportal des Lehrter Fernbahnhofs lag, kaum sichtbar, knapp neben dem Lehrter Stadtbahnhof, dessen Gleise sein Vorfeld überkreuzten und verdunkelten. Die Enge der Situation kommt in diesem Amateurbild gut zum Ausdruck.

Zwei Bilder, aufgenommen von Emil Brett aus seinem Stellwerk »Lwt« vor dem Lehrter Bahnhof am 21. Juli 1933: Der ausfahrende Schnellzug D 4 nach Westerland mit der Dampflokomotive 03 097 kommt unter dem Stadtbahnhof und der Invalidenstraßen-Brücke hervor.

Der Reichsbahn-Schnelltriebwagen von Berlin nach Hamburg hat am 21. Juli 1933, pünktlich um 8.02 Uhr morgens, den Lehrter Bahnhof verlassen und passiert nordwärts den Lehrter Güterbahnhof und die Hinterhäuser der Lehrter Straße in Moabit.

7
A

ie Halle des Lehrter Bahnhofs mit den Dekora-
onen des »Dritten Reiches«, wie sie am 28. Sep-
ember 1937 zur Verabschiedung des italienischen
iktators Benito Mussolini aus Berlin aufgehängt
varen. Eisenbahngeschichte und Politik lassen
ich kaum voneinander trennen.

◁ Lehrter Bahnhof und »Fliegender Hamburger«, sie gehörten von 1933 bis 1939 untrennbar zusammen. Dieser Ferntriebwagen bildete den Auftakt zu dem großen Schnellverkehrsnetz der Reichsbahn, in dessen Mittelpunkt natürlich Berlin stand. Aufnahme während der Probefahrten im Dezember 1932.

Berlin. Stettiner Bahnhof.

Der Stettiner Bahnhof von Berlin

Das Wort »Ferienbahnhof« gab es nur in Berlin, und es bezeichnete in dem Gewirr der fast zweihundert Bahnhöfe und Haltestellen des Bezirks diejenigen Hallen, von denen die Fernzüge nicht allein zu industriellen Zentren fuhren, sondern die im Sommer als Urlaubsquartiere bevorzugten Ortschaften im Gebirge und an der See sich zum Ziele nahmen. Vom Stettiner Bahnhof fuhr man an die vielzitierte »Badewanne Berlins«, an die Ostsee. In den Jahren zwischen 1874 und 1876 war der neue Stettiner Bahnhof, der klassische Berliner Ferienbahnhof, nach Plänen von Theodor Stein im neuromanischen Stil erbaut worden. 129 Meter lang war die Halle, 25 Meter hoch das Gewölbe mit seinen Zinnen und Simsen wie eine Burg.

Für den Vorortverkehr wurde, nachdem der bescheidene Bahnhof der Nordbahn von 1892 bis 1896 als Ausweichbahnhof gedient hatte, an seiner westlichen Seite, etwas vorgeschoben, der viergleisige Stettiner Vorortbahnhof eingerichtet, dessen Strecken in der Station Gesundbrunnen einen Übergang zum Nordring erhielten. Für den weiterhin mächtig angeschwollenen Fernverkehr nach Norden wurden bald darauf auf der östlichen Seite des Stettiner Bahnhofs drei kleinere Hallen in der Rundbogenarchitektur des Hauptgebäudes angeschlossen.

Die Haupthalle des Stettiner Bahnhofs, um das Jahr 1935 von der Straßenseite her gesehen. Nach rechts schließen sich die drei kleineren östlichen Hallen für den Fernverkehr an, deren Bau trotz der Entlastung durch den Vorortbahnhof noch vor der Jahrhundertwende erforderlich geworden war.

Dieser Stettiner Bahnhof lag in einer nicht eben gut beleumundeten Gegend zwischen der Weidendammer Brücke und der Invalidenstraße, mitten in einem düsteren Vergnügungsviertel. So blieb die Begegnung mit seinen rußgeschwärzten Hallen, anders als beim Anhalter Bahnhof oder bei der Friedrichstraße inmitten ihres weltstädtischen Trubels, für die meisten auf die Ferienzeit beschränkt. Von hier fuhr man über Eberswalde, Angermünde und Tantow nach Stettin, über Pasewalk, Anklam, Greifswald nach Stralsund oder Rügen, über Oranienburg und Neustrelitz nach Rostock oder Warnemünde. Jahr für Jahr boten sich am Stettiner Bahnhof die gleichen Szenen, wenn im Juli die Großen Ferien geradezu ausbrachen, wenn Droschken und Wagen voller Koffer anrollten, wenn Familien sich um Gepäckträger, Fahrkartenschalter und Abteiltüren drängten, bis dann im anfahrenden Zug eine erste Feriengemeinschaft entstand, wie es sie etwa bei den Fahrten vom Anhalter Bahnhof niemals gab. Spätestens auf dem Trajektschiff, das bis zur Eröffnung des Rügendamms im Sommer 1936 noch zwischen Stralsund und Altefähr lief, hatten sich die ersten Gruppen nach den Ostseebädern Binz, Sellin, Baabe, Göhren oder Saßnitz gebildet, von denen viele noch das Abenteuer einer Kleinbahnfahrt bestehen mußten.

Immer wieder schickten die Berliner Tageszeitungen ihre Reporter los, um diese besondere Atmosphäre einzufangen und diese hektische Spannung vor der großen Gepäckannahme zu glossieren, über deren Schaltern ein riesiges Wandgemälde der Rügener Kreideküste wie eine frohe Verheißung prangte. 1935 wurden hier anderthalb Millionen Reisende gezählt.

Der internationale Schwedenzug D 13 legte die 294 Kilometer zum Fährhafen Saßnitz nach Trelleborg im Sommer 1939 binnen 4 Stunden 26 Minuten zurück, der durchgehende Eilzug E 29 brauchte vom Stettiner Bahnhof bis Saßnitz 5 Stunden 10 Minuten. Die Zeit der legendären Langstrecken-Personenzüge mit sechs bis acht Stunden Fahrtdauer war hier gegen Ende der zwanziger Jahre fast vorüber. Nach dem Zweiten Weltkrieg trug der Stettiner Bahnhof ab 1. Dezember 1950 den Namen »Nordbahnhof«, doch wurde er am 17. Mai 1952 bereits geschlossen und in den sechziger Jahren abgerissen.

3

Bahnsteig F.

Seite 132: Abschiedsszene auf dem Stettiner Bahnhof im Sommer 1932. Großstadtkinder fahren an die Ostsee. In solchen Sonderzugdiensten wurden noch die dreiachsigen Durchgangswagen verwendet.

Seite 133: Blick in eine der seitlichen Hallen des Stettiner Bahnhofs, kurz vor Abfahrt des Zuges vom Bahnsteig E nach Heringsdorf. Die beiden letzten Wagen tragen Schilder: »Nicht einsteigen – dieser Wagen bleibt stehen«. Aufnahme von Willy Pragher vom 6. Juni 1935.

△ Sommerkleider und Ferienstimmung in der Seitenhalle des Stettiner Bahnhofs mit den Bahnsteigen E und F, etwa 1930 beobachtet.

Der Eilzug E 29, vor den hier die Pasewalker Lokomotive 17 1022 der Gattung S 10[1] gespannt ist, gehörte zu einer beinahe klassischen Gruppe des Fahrplans: Über zwei Jahrzehnte verließ er gegen 14 Uhr den Stettiner Bahnhof. Gewöhnlich führte er einen Kurswagen nach Swinemünde zum Anschluß an den Seedienst Ostpreußen bis Ducherow mit sich und lief nur bis Stralsund. Im Hochsommer hingegen war sein Ziel Saßnitz, die Kurswagen verkehrten nun nach Lauterbach auf Rügen und nach Binz Reichsbahn; sonnabends wurde zudem ein Vorzug bis Stralsund eingelegt. Aufnahme von Herbert Treichel im Juni 1935.

Vom Stettiner Vorortbahnhof, an der Westseite des Fernbahnhofs gelegen, gingen die Züge nach Bernau, Oranienburg und Velten ab. Am Vorplatz stehen die Autobusse der Linie 5 nach Steglitz und eine Schar der legendären halboffenen Droschken.

In den kleinen seitlichen Hallen des Stettiner Bahnhofes im Sommer 1936: Links geht es zu den hochliegenden Gleisen, durch den Tunnel hinten zur eben fertiggestellten Nordsüd-S-Bahn und zum Außen-Fernbahnsteig G.

▷ Im Zuge der Baumaßnahmen an der Nordsüd-S-Bahn wurde 1934 auch der Bahnhof Humboldthain errichtet, den hier ein Halbzug nach Velten durchfährt. Links im Bild die Ferngleise der Stettiner Bahn; auf der Böschung rechts ist schwach die charakteristische eckige Schalterhalle dieses Bahnhofs zu erkennen. Seine Architektur läßt einen gewissen Einfluß des »Bauhauses« erkennen.

Velten

Bahnhof Gesundbrunnen um 1935: Ganz links der Güterbahnhof, sodann – am zweiten Signal von links – die Rampe der Gütergleise zwischen Nordring und Pankow. Auf beiden Seiten des für Abfälle abgestellten Güterwagens verlaufen die elektrischen Nordring-Gleise. Hierauf folgt nach rechts ein Gleis für den Verkehr mit dem Betriebswerk Gesundbrunnen, das sich im Rücken des Betrachters befindet. Der breite, mit Lampen bestückte Mittelbahnsteig wird von den Fernzügen des Stettiner Bahnhofs angefahren, während das ganz rechts sichtbare Gleis zu den gleichfalls elektrifizierten nördlichen Vorortstrecken gehört. Im Hintergrund rechts das Empfangsgebäude.

▷ Schnappschuß von Kurt Pierson am Bahnhof Gesundbrunnen aus dem Jahre 1930: Ein elektrischer S-Bahnzug der Bauart 1925 bei seiner Ausfahrt in Richtung Oranienburg über die bereits seit 1925 elektrifizierte Vorortstrecke. Blick in beiden Aufnahmen von der »Millionenbrücke« westwärts.

GÖRLITZER BAHNHOF

Abschied am Görlitzer Bahnhof

Einer der großen Kopfbahnhöfe Berlins blieb bisher ungenannt: Der Görlitzer Bahnhof im Stadtteil Kreuzberg, Postbezirk SO 36. Das Bauwerk wurde in den Jahren zwischen 1866 und 1868 nach Plänen von August Orth für den »Eisenbahnkönig« Bethel Henry Strousberg im Stil eines italienischen Palazzo errichtet. Die Bahnstrecke entstand während des deutsch-österreichischen Krieges anno 1866, zu dessen Resultat sie wohl etwas beigetragen hat. Von Orth stammten auch der erste Entwurf zur Stadtbahnstrecke sowie einige Berliner Kirchenbauten. Die Eisenkonstruktion des Görlitzer Bahnhofs hatte die angesehene Maschinenfabrik Wöhlert geliefert. Die Görlitzer Bahn wurde 1882 verstaatlicht.

In der Umgebung des Görlitzer Bahnhofs lagen der Spreewaldplatz, die Görlitzer Straße und die Wiener Straße; alles symbolträchtige Namen. Natürlich gehörte in den zwanziger und dreißiger Jahren jene Epoche aus den Romanen Theodor Fontanes bereits der Vergangenheit an, in welcher hier die »Spreewälder Ammen« zahlreich in der Großstadt eintrafen, um sich in der Großstadt zu verdingen. Unverändert diente der Görlitzer Güterbahnhof dem Umschlag von Braunkohlenbriketts aus der Lausitz.

Vom Westen Berlins her mußte man die halbe Stadt mit der Untergrund- und Hochbahn in Richtung Warschauer Brücke durchfahren, um den Görlitzer Bahnhof zu erreichen. Auch sein Anschluß an die Ringbahnstrecke ließ zu wünschen übrig, und doch nahm er im Leben der Berliner eine ähnlich favorisierte Stellung ein wie der »Stettiner«. Auch der »Görlitzer« war nämlich ein Ferienbahnhof. Planmäßig gingen von seinen vier Bahnsteiggleisen täglich kaum mehr als zwanzig Züge vom Görlitzer Bahnhof ab; doch dazu kamen die Feriensonderzüge. Wer diesen verrauchten Bau, mit Reisegepäck beladen, über die Schalterhalle an der Wiener Straße betrat, hatte als Ziel meist das Riesengebirge, wollte nach Hirschberg oder Warmbrunn in Schlesien, nach Petersdorf und Schreiberhau, Krummhübel und Josephinenhütte, um dort vielleicht den Herbst oder Winter auf einer Baude in Rübezahls Reich zu erleben.

Als Reiseziel zu Pfingsten lockte hier eher der Spreewald, das recht nahe gelegene Ausflugsparadies der Berliner, wo man in Lübbenau die Bahn verließ, hinunter zum Hafen schlenderte und sodann die Fahrt im Stechkahn bis nach Lehde, Leipe und Alt-Zauche fortsetzte. Solche Sonderzüge der Feriensaison prägten das Bild des Görlitzer Bahnhofs weitaus stärker als seine bescheidenen Vorortzüge nach Königs Wusterhausen, deren Gleise über eine gewisse Strecke noch die elektrischen S-Bahn-Züge nach Schöneweide, Grünau und Spindlersfeld begleiteten.

Die elektrischen Züge kamen seinerzeit von der Ringbahn heran, denn Stromschienen hat der Görlitzer Bahnhof niemals gesehen. Sie waren erst während des »Dritten Reiches« vorgesehen, als man im Rahmen der »Neugestaltung« Berlins auch eine unterirdische S-Bahn vom Anhalter Bahnhof über die Kochstraße und den Moritzplatz zum »Görlitzer« plante. Allerdings wäre bei einer Inbetriebnahme dieses Streckenabschnitts das alte Empfangsgebäude von August Orth gefallen, und sein Name hätte nur unter der Erde weitergelebt.

Der Görlitzer Bahnhof wurde am 30. April 1951 für den Personenverkehr geschlossen; sein Empfangsgebäude hat man stückweise erst zwischen 1962 und 1975 abgetragen. Heute kündet immerhin noch der Name einer Hochbahnstation »Görlitzer Bahnhof« oben über dem Lausitzer Platz vom längst vergangenen Eisenbahnzeitalter am Spreewaldplatz im Stadtteil Kreuzberg.

Die Straßenfassade des Görlitzer Bahnhofs am Spreewaldplatz in Kreuzberg im Jahre 1934.

Festtags- und Wintersportverkehr am Görlitzer Bahnhof; eine Abbildung aus dem »Deutschen Reichsbahn-Kalender«.

Die Schnellzuglokomotive 17 266 wartet auf dem Görlitzer Bahnhof vor einem der Züge über Lübbenau und Cottbus nach Görlitz auf das Signal zur Abfahrt; Aufnahme von Herbert Treichel um 1939.

Wer stünde da nicht gern noch einmal auf einem Berliner Bahnhof vor der Streckenkarte und suchte sich ein Reiseziel im Spreewald oder im Riesengebirge aus, wie es diese beiden Knaben 1930 vor dem Fotografen Friedrich Seidenstücker getan haben?

Bildnachweis

Abbildungen in diesem Buch wurden freundlicherweise zur Verfügung gestellt von:
Allgemeine Elektricitäts-Gesellschaft: S. 33 (2)
H. Bergmann: S. 47 o.
Bildarchiv Preußischer Kulturbesitz: S. 26, 35–37, 38 u., 39, 66–70, 90 r., 91, 92 u., 94, 95, 100 l., 109 r., 114, 118 o., 143
E. Brett: S. 54 o., 127 (2)
K. Buchholz: S. 18 u., 19 u. (Siemens)
Bundesarchiv Koblenz: S. 48, 56, 58 o., 59, 60, 64 r., 101 l., 108 o., 116 u., 132, 136 u.
Bundesbahn-Filmstelle: S. 14 o.
F. Eschen: S. 113 u.
G. Guthmann: S. 11, 55
Fr. Grünwald/M. Krafft: S. 30, 32 u., 113 o., 122
H. Kobschätzky: S. 108 u., 124
H. Kreßner: S. 102 u.
Landesbildstelle Berlin: S. 14 u., 15, 38 o., 42 (2), 44u., 45, 46 (2), 47 u., 49, 50 o., 54 u., 71 u., 80, 83 u., 89, 90 l., 93, 101 r., 103 u., 105, 106, 112 o., 128, 129, 137, 138, 140
E. Lampé: S. 102 u.
K.-E. Maedel: S. 83 o.
W. Pragher: S. 2 (Frontispiz), 73 (2), 74–79, 110, 133
Sammlung B. Schreiber: S. 98
Siemens AG: S. 16, 19 o., 120 o.
W. Spieser: S. 81 o., 98, 100 r., 117 (2), 126 (2)
H. Treichel: S. 135, 142 u.
Verkehrsmuseum Nürnberg: S. 81 u., 86
E. Ziegler: S. 65 r., 71 o., 72 o., 82
Museum für Verkehr und Technik Berlin: S. 18, 65 l., 111 u., 139

Allen Bildautoren und Bildarchiven sei herzlich gedankt: Ohne ihre Hilfe hätte die vorliegende Arbeit nicht entstehen können. Die übrigen Abbildungen sind der Sammlung des Verfassers entnommen.

Literatur

Alfred Behrens und Volker Noth: Berliner Stadtbahn. Berlin 1995.
Peter Bley: Berliner S-Bahn. Düsseldorf 1993.
ders.: 150 Jahre Berlin-Anhaltische Eisenbahn. Düsseldorf 1990.
ders.: 150 Jahre Eisenbahn Berlin-Hamburg. Düsseldorf 1996.
Reinhard Demps: Eisenbahnreviere, Berlin. Berlin 1995.
Alfred Gottwaldt: Berliner Fernbahnhöfe. Düsseldorf 1991.
ders.: Das große Berliner Eisenbahn-Album. Stuttgart 1991.
Jürgen Grothe: Verkehr in Berlin [2 Bände]. Berlin 1988.
Werner Hubert: Die Berliner Stadtbahn-Lokomotiven im Bild. Darmstadt 1933.
Karl-Ernst Maedel: Begegnung mit einem Bahnhof [d. i.: Anhalter Bahnhof]. In: LOK-MAGAZIN Nr. 3, Stuttgart 1963.
ders: S 10[1]. Geschichte der letzten preußischen Schnellzug-Dampflokomotiven. Stuttgart 1972.
Albert Mühl: Die Eisenbahndirektion Berlin und ihre Lokomotiven [bis 1939]. In: LOK-MAGAZIN Nr. 6, Stuttgart 1964.
Kurt Pierson: Dampfzüge auf Berlins Stadt- und Ringbahn. Stuttgart 1983.
ders.: Lokomotiven aus Berlin. Stuttgart 1976.
Willy Pragher: Verkehrsknoten Berlin in den 30er Jahren. Freiburg 1982.
o. Verf.: Berlin und seine Eisenbahnen 1846–1896. Berlin 1896.

Impressum

1. Auflage 1997

Umschlaggestaltung: Atelier Kattner, Berlin, unter Verwendung eines Fotos aus der Sammlung des Verfassers
Druck und Bindung:
Franz Spiegel Buch GmbH, Ulm
ISBN 3-932202-17-1

Die erste Fassung dieses Buches ist 1976 unter dem Titel »Eisenbahn-Brennpunkt Berlin« in der Franckh'schen Verlagshandlung in Stuttgart erschienen. Eine erweiterte Neuausgabe hat 1982 der Verlag W. Kohlhammer in Stuttgart veranstaltet. Seinen beiden Lektoren Rolf Härter und Jürgen Schneider gilt der besondere Dank des Verfassers.

Abbildung Seite 2:
Berlin und seine Stadtbahn: Die Strecke zwischen dem Bahnhof Friedrichstraße und dem Lehrter Stadtbahnhof in Höhe der Unterbaumstraße, aufgenommen von Willy Pragher am 9. April 1931.

Abbildung Seite 4:
Der Verkehrsturm am Potsdamer Platz, 1927. Im Hintergrund rechts der Potsdamer Fernbahnhof, daneben das »Haus Vaterland«. Links an der Ecke das Hotel »Fürstenhof«.

Frohnau (Mark)
Berlin Stett. Bf. od. Wedding od. Schönh. Allee oder Pankow-Schönh.
üb. Berlin=Gesundbrunnen
2. Kl. S-Bahn-verkehr
D 0,35 RM
0450
Berlin-Friedrichshagen
Berlin Schles. Bf. oder Frankfurter Allee oder Treptow
3. Kl. S-Bahn-verkehr
C 0,25 RM
9399
Berlin-Friedrichshag
Gartenfeld
üb. Weißensee od. Friedrichstr.
2. Kl. S-Bahn-verkehr
Gültig zu einer Fahrt auf der Stadt- und Ringbahn bis zum 12. Bahnhof oder einem Bahnhof der Preisstufe 2
(siehe Aushang)
2. Kl. S-Bahn-verkehr
0,30 RM
Berlin Schles. Bf.
Zulassungskarte
für den
Schnelltriebwagen
ab Berlin Stadtb
Platz Nr.
3765
51.36
Arbeiterwochenkarte
Siemensstadt
Spandau West
üb. Heerstr. o. Siem.-Fü.
Nicht übertragbar
S-Bahn-verkehr 3. Kl.
Preisst. 2
00552
Sonntags-Rückfahrkarte
Personenzug
Berlin Schles. Bf. F
Rehfelde (Ostb.)
Nicht übertragbar
Gültig zwischen Spandau West und Charlottenburg
PUTLITZSTRASSE
üb. Heerstr. o. Siem.-Fü.
3. Kl.
Keine Fahrtunterbrechung
Nicht für Fernzüge
0,15 RM
4739
Gültig zwischen
Steglitz
und
Berlin Stadt- u. Ringb.
3. Kl.
Keine Fahrtunterbrechung
Nicht für Fernzüge
0,15 RM
LANKWITZ
10 Rpf
Zusatzkarte
für den Stadt-, Ring- und Vorortverkehr
Gültig zum Übergang von 3. in 2. Klasse
8901
Schülermonatskarte
zur Fahrt auf der Stadt- u. Ringbahn
Schöneberg-Wsbf., Jungfernh.-Lehrt. Bf., Gesundbr.-Stett. Bf., Papestr.-Potsd. Ringbf.
Nicht übertragbar
S-Bahn-verkehr 2. Kl.
Preisst. 2
Bahnsteigkarte
Berlin Schles. Bf.
0,10 RM
Schülermonatskar
zur Fahrt auf der
Stadt- u. Ringbahn
Nicht übertragbar
2. Kl.
0441
Militärfahrkarte
Personenzug
Frankfurt (Oder) D
Berlin Stadtb.
über Fürstenwalde
Berlin=Lichterfelde Ost
oder
Marienfelde
Berlin Potsd. Ringbf.
oder
Schöneberg
oder
Tempelhof
2. Kl. S-Bahn-verkehr
0,30 RM
3286
Gültig zwischen
Cöpenick
und
Berlin Schles. Bf.
3. Kl.
Keine Fahrtunterbrechung
Nicht für Fernzüge
C 0,20 RM
3379
(Alexanderpl.)
Monatskarte
zur Fahrt auf der Stadt- und Ringbahn
Auch gültig zur Fahrt zwischen
Bahnsteigkarte
Berlin Sch
Friedrichstr.
Bahnsteigkarte.
Gültig zum einmaligen Betreten des Bahnsteiges an dem durch die Lochung bezeichneten Kalendertage.
1181
Bahnsteigkarte
Berlin Schles. Bf.
0,10 RM
01.3
(Kais. Fr. Str.)
Arbeiterwochenkarte
zur Fahrt zwischen
Neukölln
Berlin Stettiner Bf.
und
Gartenfeld
üb. Friedrichstr. od. Weißensee
Auch gültig zur Fahrt zwischen
Nicht übertragbar. Nicht für Fernzüge.
3. Kl. A Preisst. N
1897
Schnellzugzuschlag
Berlin Anh. Bf.
Gültig zwischen
Steglitz
und
Berlin Stadt- u. Ringb.
3. Kl.
Keine Fahrtunterbrechung
Nicht für Fernzüge
0,15 RM
monatskarte
übertragbar
Preisst. 1
Berlin-Friedrichsha
Gartenfe
üb. Weißensee od. Friedr
2. Kl.